国光枣

桂台 3 号枣

国光枣 结果状

金丝 4 号枣

1

冬枣结果状

大蜜蜂罐枣

山西梨枣

高硒枣

2

大白铃枣

六月雪枣

大瓜枣

山东酥脆枣

3

当年栽植 当年两次
挂果的果园一角

667 平方米面积产量为 2500 千克
的一年三熟国光枣园的一个枣吊

桂林一年两熟冬枣的第二次结果状

红枣篱架整枝状

4

我国南方怎样种好鲜食枣

夏树让　编著

金盾出版社

内 容 提 要

本书由夏树让教授编著。内容包括：南方发展鲜枣的由来，南方鲜枣的生物学特性，南方鲜枣的幼苗培育，南方鲜枣的建园，无公害鲜枣的病虫害防治，南方鲜枣的采收、分级包装、安全运输与贮藏保鲜。本书内容丰富，文字通俗，科学性、实用性强，适合枣区特别是南方枣区的基层干部和枣农阅读，也可供农业院校相关专业师生参考。

图书在版编目(CIP)数据

我国南方怎样种好鲜食枣/夏树让编著 . —北京：金盾出版社，2006.7

ISBN 978-7-5082-4064-0

Ⅰ. 我…　Ⅱ. 夏…　Ⅲ. 枣-果树园艺　Ⅳ. S665.1

中国版本图书馆 CIP 数据核字(2006)第 047805 号

金盾出版社出版、总发行

北京太平路 5 号(地铁万寿路站往南)

邮政编码：100036　电话：68214039　83219215

传真：68276683　网址：www. jdcbs. cn

彩色印刷：北京百花彩印有限公司

黑白印刷：北京蓝迪彩色印务有限公司

装订：北京蓝迪彩色印务有限公司

各地新华书店经销

开本：787×1092 1/32　印张：5.375　彩页：4　字数：120 千字

2009 年 6 月第 1 版第 2 次印刷

印数：11001—21000 册　定价：8.50 元

前　言

　　枣树是我国古老的特有果树,主要栽培在黄河流域,已有4 000多年的栽培历史。最近几年,我们在四川、云南和广西等地,与果农一起,勇于突破,大胆创新,使枣树规模栽培获得成功,鲜枣一年多熟成为现实。事实证明,实践与需求,像巨大的火车头,强有力地拉动着枣树生产,不断向前发展,不断地出现新创造。真所谓"思想有多远,道路就能走多远"。

　　人们对于南方鲜枣的需求,不光只是数量上的满足,还包含着质量上的追求。只有吃到了又鲜又脆、又甜又香的大枣,才能感到美好的满足和享受。如果味同嚼蜡,质若败絮,即使枣果堆积如山,谁又愿意去问津呢?所以,种植南方枣树不仅要丰产,而且要优质,不仅要求多,而且要求好。为了提高南方鲜枣的质量,枣农与科研人员精心地培育、选择优良枣树品种,千方百计地建设优良生态枣园,科学地进行土、肥、水、树体和花果的量化管理,安全有效地防治病、虫、草害,使鲜枣的果型外观、营养成分和口感风味,不断得到提升。事实表明,鲜枣的品质与数量,是辨证的统一;非优质的数量增加,是没有多大价值的,无数量保障的优质,也是不可思议的。只有使多熟与优质协调一致,相辅相成,才能满足人们对鲜枣日益增长的需要。

　　南方枣树的一年多熟与优质,是立地生态条件与枣树内部特性相互协调的结果。枣园的土、肥、水、气、光、温条件优良,与枣树的生物学特性相适应,能满足枣树生长发育的需要。比如南方地区早春回温快,日照时间长,气温高,降水充沛等，都是比北方地区优越的条件。而诸如国光枣、桂台品系枣等南方枣树的生长发育条件，均可从枣园立地得到满足，它的开花结果习性，特别是一年多次开花、多次挂果的特性、外因与内因的和谐统一，使南方鲜枣的一年多熟与优质成为必然的现实。

南方枣树优质丰产栽培中的一年多熟模式，是一种突破性的创造，使南方枣业进入了一个新的阶段。但是，它并不是枣生产发展的终结，而是其发展长河中一个新的起点。当前，南方鲜枣生产正在进行高密栽培、矮化篱架整枝和一年多次挂果的三大突破性创新。在此过程中，捷报频传。广西已在南宁市西乡塘搞成一年四季产鲜枣的基地。四川省眉山市土地乡长虹村2005年栽植国光枣树实现了一年三熟，创造了每667平方米（1亩）高达3万元的产值。可见南方鲜枣的优质高产栽培是充满无限生命活力的。

南方鲜枣生产，天地宽广，前途美好，大有作为。我们要以科学发展观为指导，把枣业做大，做强，做活。为了促进我国南方地区鲜枣业持续发展，帮助农民提高枣树种植效益，尽快发家致富奔小康，我以自己多年以来在科研与生产实践中积累的第一手资料为基础，参考有关资料，编写了《我国南方怎样种好鲜食枣》一书，但愿它的问世，能对南方地区鲜食枣业的持续发展，有所裨益。由于时间有限，书中缺点和错漏之处在所难免，恳请读者指正。

在本书编写过程当中，参考和引用了一些专著资料和数据。在此，特向有关作者表示真诚的感谢。

夏树让

2006年3月

目　录

第一章　南方发展鲜枣的由来

一、鲜枣成就大产业

（一）国光红枣显商机

    2005 年国庆节期间,四川省眉山市爆出一则新闻:在重庆市富森林业有限公司的大枣示范基地,由北方引种到南方的国光红枣今年第二次挂果成熟,采摘的数吨鲜枣上市即被消费者抢购一空。

    正在北京市出差的重庆市富森林业有限公司董事长傅国军欣喜地告诉记者:"2005 年 4 月底才栽植的国光红枣,由于采用了种植新技术,一年内将出现 3 次挂果。第一次挂果是 7 月底,人们认为很正常;现在出现第二次挂果,人们感到非常稀奇;11 月上旬将出现第三次挂果,人们会认为是奇迹了。"说到这里,傅国军抑制不住内心的喜悦,继续说:"近几年,国光红枣在陕西的大棚中已实现一年两熟,而不用温室大棚实现一年三熟,在国内是闻所未闻。"傅国军介绍重庆富森林业有限公司主要采用了以下栽植新技术:一是由春栽变冬栽。充分利用秋、冬季节让肥料提前腐熟,让根系早发,为早发芽开花打基础,力争让枣花躲开雨季,充分授粉,提前结果。二是高度密植,增强群体优势创高产。每 667 平方米从 220 株密植到 333 株,力争当年多次挂果而且产量提高。三是由栽植一年生苗改为栽植二至三年生大苗。栽植树的根大,植株也大,不仅多次挂果,而且果也大。四是多品种栽植。基地除选用广西壮族自治区丹妮红公司的国光系列大枣外,又增加了山东省良种场王玉道高级技师和广西壮族自治区桂林树让葡萄研究所杂交的天仙系列大枣及山东省沾化冬枣、广西壮族自治区灌阳大枣等 21 个品种,让多品种分早、中、晚不同季节成熟,一年四季供应市场。

(二)机遇青睐智者

富有远见的傅国军决心投资其他可持续发展的行业,到过好多地方考察。也有朋友建议他投资学校、旅游公司等,但他总觉得心中没底。就在这时,一位朋友找他投资林业,让他心中一动。抱着试一试的心情,他花 7 万元购买了 1.33 公顷林地。心想,没有任何回报也可以,就算用这些钱支持朋友的事业吧!

机遇向来青睐有准备的人。这话一点不假。一次笔者前来重庆市永川市开会,经过朋友的介绍认识了傅国军,两人一见如故,彻夜长谈,谈林业、谈葡萄、谈鲜枣。这次谈话,使傅国军茅塞顿开:可持续发展的产业就选择国光红枣。一个出资金,一个出技术,可谓是珠联璧合。说干就干,傅国军以最快的速度注册成立了重庆市富森林业有限公司,首期投资 200 万元,专门从事国光红枣的栽植、推广及销售,并很快选定了生产基地,购回了国光红枣种苗,高薪聘请笔者为技术总顾问。

事实证明,傅国军的选择没有错,当年 4 月底栽植的国光红枣,就以当年投资、当年挂果、当年受益引起轰动。新闻媒体将这一新闻披露后,四面八方的农民跑到富森林业有限公司,纷纷要求学技术,栽植枣树,一时间,富森林业有限公司和傅国军成为当地的新闻热点。

（三）巨资打造鲜枣品牌

让鲜枣迅速走向市场，并且走向国际市场。傅国军为国光红枣制定了一个迅速发展的宏伟规划，明确了发展目标与要求，准备投巨资打造名牌。

傅国军认为，要实现这一目标，当务之急要做好四个方面的工作：一是尽快在重庆市永川市形成 666.67 公顷红枣生产基地，形成公司加基地加农户加销售加服务五位一体的生产经营体系；二是尽快在有关部门为鲜枣申请中、英文商标，确保公司鲜枣的品牌优势得到保护；三是迅速以优质的鲜枣抢占国内外市场；四是抓好鲜枣的生产、采摘、保鲜、包装、贮藏、运输六大环节，确保鲜枣的新鲜品质。（本资料原刊于《财富时报》）

二、鲜枣产业蕴含巨大商机

（一）我国枣果业的现状

枣业是我国独有的果业。枣树栽培在我国已有 4 000 多年历史，品种达 700 多个，分布很广。目前，枣树栽培面积在全国有 46 万余公顷，其中秦、晋、豫、冀、鲁五大枣区栽培的枣树占总面积的 90％。全国栽培的主导枣树品种为制干和加工品种，鲜食型较少。枣果营养丰富，美味可口，又可入药，其食疗保健功能世人皆知。枣果还是食品加工业的重要原料。据有关资料，2000 年全国枣果总产量约 80 万吨，占世界总产量的 98％。除韩国有 1 000 公顷枣树规模栽培和总产 2 万吨枣果外，我国属独家生产供应出口国。我国原枣及加工品年出口量

9 000 吨左右,仅占总产量的 2%。其中原枣出口约占出口总量的一半。销往日本、韩国、新加坡和我国港澳地区的原枣及加工成品量占出口总量的 80%～90%。原枣的出口主要为制干枣果,鲜食枣果出口量极少。在国际市场上,1 吨鲜枣相当于 30 吨苹果或 10 吨核桃的售价,货源奇缺,供不应求。天津市天港冬枣每千克售价达 36 美元,香港售价 346 元人民币。欧美市场每个枣果售价 1 美元。事实说明,大力发展鲜食枣果出口的潜力很大,商机不容置疑。

从我国鲜食枣树栽培的现状分析,长期受国内消费水平的限制,加之鲜食枣果多在 9 月份高温季节集中上市,难保鲜,应市短,所以鲜食枣果栽培多为零星地块栽植,发展滞后。

展望鲜枣出口的广阔前景,克服制约因素的影响,探讨相应的对策,更显得十分重要。笔者认为:一是大力调整枣业内部鲜食枣的产业结构,继续巩固发展传统名优品种,突出发展名优大果形、鲜食型特色鲜枣。从“人无我有,人有我特”的市场经营战略出发,强化名、优、特品种意识,加大加快大果形、鲜食型、极耐贮新品种的推广力度,创出中国在国际市场上的名牌枣果。二是增强发展优质枣果的意识,提高鲜食枣的内在营养质量,是鲜枣产业可持续发展的生命线。在生产经营管理中,提高产业化水平及科技含量,实施科学栽培、施肥、浇水和生物防治技术,使枣果口味达到国际标准,提高枣果出口国际市场的竞争品位。三是认真进行鲜枣保鲜技术的研究与应用。从采摘环节开始,研究鲜枣的药剂处理、冷藏保鲜,温度、湿度、周期及冷库灭菌等配套技术,延长保鲜期和鲜枣反季节应市的货架期。四是对名、优、特鲜枣实施产业化经营,进行规模化栽培。从生产管理到冷藏保鲜及包装运销实行一体化,确保名、优、特优势,强化名牌形象。五是加大名、优、特鲜食枣的宣传力度,特别是向国外宣传。除亚太地区一些国家对枣的营养价值有共识外,欧美西方国家大多还没有认识,因此要扩大鲜枣外销出口,在外销的同时,应以高质量的名、优、特鲜枣扩大宣传。　（本资料原刊于《市场信息报》）

（二）北果南移意义大

笔者最近在四川、重庆、云南、贵州及广西等地调查时发现北方冬枣、梨枣、雪枣在当地栽培均表现良好,尤其在四川省眉山市土地乡长虹村重庆富森林业有限公司种植基地,出现了一年三熟,这是国内首次发现。

大家都知道,枣是我国特有树种。枣果风味独特,口感佳,其营养价值又高,用途也十分广泛,既可用于鲜食,又可加工成多种产品,干制后可久贮,又耐贮运。

枣树抗旱、耐瘠,适应性强,容易栽培,也可粗放管理,投产快、高产,结果年限也长。枣树还是极好的蜜源植物。由于枣树根系发达,所以它是退耕还林、防止水土流失、保持生态平衡的树木,既适合山区丘陵发展,也适合在城郊搞农业观光园。

过去北方五大枣产区(山东、河北、河南、陕西、山西)多是发展干枣,但随着人民生活水平的提高,人们对鲜枣的消费量也越来越大,这也正是近几年来鲜枣大发展的原因。目前,我国原枣加工出口量为 9 000 吨左右,仅占总产量的 2％。鲜枣出口极少,但价格不菲。山东省沾化冬枣在天津港出口,每千克高达 36 美元,香港 346 元人民币。欧美市场每个枣售价高达 1 美元。所以说我国鲜食大枣的出口潜力和空间都很大。随着我国南方地区冬枣、梨枣一年三熟的实现、推广,我国的鲜枣产业将有更大的发展前景。

在四川省眉山市,由于富森林业有限公司在那里的示范基地的枣果一年三熟的成功,大大激发了当地农民发展鲜食枣的热情。眼下,只有大力调整枣业内部鲜食枣的结构,继续牢固发展传统名优品种,强化发展名、优、特品种的意识,加大加快推广优质、大果、鲜食、耐贮新品种,在推广梨枣、冬枣、雪枣的基础上,发展一年三熟的国光系列品种和一年多熟大枣新品种,才会受到国内外市场欢迎,创造出中国独有的枣果品牌。

资料表明,鲜枣果实含糖量高达 25%～43%。而干枣含糖量虽也高,但口味差,也无脆的口感。鲜枣光亮四射,有鲜的感觉,作为观光园,让游人吃,每千克也在 20 元左右。如果品种适宜、栽培管理得当、产品安全优质、采用脱毒种苗、矮化处理,再运用篱架整枝,相信农民朋友会快速致富,每 667 平方米收入可超过万元。所以发展南方鲜枣产业,是农民快速致富的一条重要途径。　　　（本资料原刊于《瓜果蔬菜报》）

三、提高鲜枣的认知度,
让鲜枣早日走向世界

提到红枣,大家都知道它原产中国,也就是说,是中国特有果品,它比洋水果有更大的竞争优势。红枣既是果品,也是中药材,正是因为它营养极为丰富,又能药食兼备,在国际上有极大市场。

枣的经济效益和生态效益都很高,干红枣每吨出口价1 600 美元,折合人民币每千克 13 元,大大超过一般干果。

据国际市场调查,1 吨优质鲜枣,售价相当于 30 吨苹果或 10 吨核桃,市场潜力极大,很有必要引起各大商家的重视。

目前,我国广西壮族自治区已实现鲜枣一年两熟,应大力推广。

　　据调查,目前我国红枣生产远远满足不了国际市场需求。全国五大枣产区大都在贫困山区,种植分散,管理落后,更谈不上什么高科技手段,种植带多集中在干旱少雨、土壤贫瘠、水土易流失的地方。山西省临猗县是干旱缺水的国家级贫困县,红枣种植面积高达 4.2 万公顷,年产红枣 5 万吨,产值1.5 亿元,占全县工农业总产值的 40%,全县人均红枣收入300 元,枣区达 700 元,如果改种新品种如梨枣,产量可以翻番,产值更会提高。枣树分布在山区,还有大量酸枣树也可嫁接大枣加以利用,可扩大出口。在我国,枣树近几年有一定发展,山东省无棣、阳信、乐陵等地已开始连片种植,改种新品种,科学化管理,防治病虫害。广西已采用优良品种,采用修剪整枝,使用篱架,使产量提高了几倍。

　　枣适合与粮菜及中药材间作套种。由于它发芽晚、落叶早、生长期短、树叶小而稀、透光好,可以解决与粮食作物相互争光、争热、争水的矛盾。

　　国光鲜枣可作为经济林,形成林网,具有降低风速,调节气温、湿度,降低农田蒸发量,减少干热风的作用。山东省乐陵市有近 6.67 万公顷枣粮间作,有 2 500 万株枣树,年产枣 6万吨,树下粮食达数万吨。

　　我国加入世界贸易组织后将为枣的出口提供更大市场。为此,大力发展国光鲜枣,除搞好原有地区枣树的管理,也要大力发展连片种植,加强管理,采用高新技术。枣树栽种要向两个方向发展:一是利用山区发展;二是向城郊连片发展,大搞观光农业。同时采用高度密植、篱架整枝,也可进入大棚生产。改变原有管理方法,使其早结果、多结果、分批分期一年两熟上市。目前广西壮族自治区灌阳县已试种成功山东国光枣，正连片大面积发展。让"北枣南种"扩大面积，形成观光枣园和农业观光带。

鲜枣一年两熟是农民增收的好项目。我国的枣产量占世界枣产量98%，多年来一直出口东南亚、日本、俄罗斯和美国、加拿大等国家。因为缺乏宣传，消费者很少知道它的营养价值，目前出口量仅占总产量2%（1万吨左右）。我们一定要通过各种媒介宣传，让更多龙头企业带动枣业，创立名牌意识。南方可以达到一年两熟，广西已率先成功。四川、重庆等地都有大量山区，也适合大力发展。枣树林既是经济林，也是实现退耕还林，加强水土保持，改善生态环境，构筑观光农业的好项目。　　（资料原刊于《北京绿化与生活》）

枣是我国最早栽种的药食兼用果品之一，它与桃、李、梅、杏在古代被称为"中国五果"。大枣的故乡在中国，《诗经》上说："八月剥枣。"可见3000多年前，我们的祖先就已经种植枣树了。目前，枣的品种已有400多种。常见的有红枣、灰枣、南枣、圆枣、无核枣、金丝枣、扁枣、梨枣、脆枣、酸枣等。加工后制成的产品有黑枣、焦枣、蜜枣等10多个品种。枣主要分布在河北、山西、河南、山东、陕西等省。

"大红枣儿甜又香，送给亲人尝一尝"。这是抗战时期，黄土高原老百姓送给亲人子弟兵的慰问品。大枣可充饥，滋补身体。

大枣为甜美食品，也是治病良药。根据科学分析，枣肉营养丰富，每100克大枣肉中含蛋白质3.3克，脂肪0.4克，碳水化合物72.8克，粗纤维3.1克，糖23克，胡萝卜素0.01毫克，维生素$B_1$0.06毫克，维生素$B_2$0.12毫克，烟酸1.2毫克，磷1.5毫克，铁1.6毫克，以及单宁、硝酸盐、钾、镁、碘等成分。每100克鲜枣肉含维生素C 380～600毫克，维生素C的含量为柑橘的7～14倍，比苹果、桃高100倍左右。维生素E的含量在百果中也是名列前茅。所以大枣有天然维生素丸的美称。

大枣性味甘平。入脾、胃二经，有补益气血之功效，是健脾益气的佳品。民间有用黑木耳50克，加枣30枚，合炖食之，有治疗神经衰弱、过敏性紫癜的功效。张仲景在《伤寒杂病论》中，用大枣的古方达58种之多。《本草备要》认为它能"补中益气，滋脾土，润心肺，调荣卫，缓阴血，悦颜色，通九窍，助十二经，和百药。"唐代营养学家说大枣可以"养脾，强志"。《本草纲目》中说枣肉味甘，平，无毒，主治心腹邪气，安中，养脾气，平胃气，通九窍，补中益气，除烦闷，除肠澼，润心肺，补五脏，治虚损，调荣卫，和百药，坚志强力。这是李时珍总结前人经验的精辟论述。杜甫在《百忧集行》中赞山西省临猗梨枣"忆年十五心尚孩，健如黄犊走复来，庭前八月梨枣熟，一日上树能千回"。

中医常用大枣治疗脾胃虚弱、气血不足、面黄贫血、失眠等症。对神经衰弱、过敏性紫癜、肝炎、血小板减少、高脂血症等慢性病，都有良好的疗效。根据药理研究，大枣有保护肝脏、降低血清胆固醇和增加血清总蛋白及白蛋白的作用。可用于体倦乏力、食少便溏、面色萎黄、精神委靡、肝硬变等。

我国民间有"一日吃三枣，终身不显老"的说法。大枣不仅是治病良药，也是滋补美容佳品。大枣有益气健脾作用，也可以促进气血化生。气血不足便会面色萎黄，皮肤干燥，形体消瘦，面目水肿。维生素C是皮肤"最亲密的伙伴"，这已为大家所公认。对皮肤雀斑、痤疮及口角炎、唇炎、脂溢性皮炎等影响面部美容的疾病，维生素C都有一定的防治作用。维生素E

有"抗癌剂"之誉。大枣中大量的维生素E，可以促进皮肤血液循环，能使皮肤与毛发光泽，舒展面部皱纹，使皮肤更加健美，从而不易显出衰老。

枣为脾之果，脾病患者宜食。在茶水中放进几枚干枣，有很好的健脾开胃功效。

大枣虽气味甘、无毒，但性偏湿热，故不能多食，尤其内有湿热者，会出现湿热口渴、胃肠胀满等症状。服食时应注意：①不能食用腐烂的大枣。大枣腐烂后，会繁殖微生物，枣中的果酸继续分解果胶，产生果胶酸和甲醇，甲醇可再分解生成甲醛和甲酚。食用腐烂的枣，轻者可引起头晕，使眼睛受害，重者则危及生命。②不宜与维生素K同时食用。食物中的维生素C可使维生素K分解破坏，使治疗作用降低。③不应与黄瓜或胡萝卜一起食用。胡萝卜含有抗坏血酸酶，黄瓜含有维生素C分解酶，两种成分都可破坏其他食物中的维生素C。④不应与动物肝脏同时食用。动物的肝脏富含铜、铁等元素，铜、铁离子极易使其他食物中所含的维生素C氧化而失去功效。⑤服用退热药时禁忌食用大枣。服用退热药物同时食用含糖高的食物容易形成不溶性的复合体，降低药物初期的吸收速度。大枣为含糖高的食物，故禁忌食用。⑥服苦味健胃药及驱风健胃药时不应食用大枣。苦味及驱风健胃药是靠药物的苦味、怪味刺激味觉器官，反射性地提高中枢神经对食物的兴奋性，以帮助消化，增进食欲。若服用以上药物时用大枣，则明显地影响药物的疗效。

另外，凡龋齿疼痛、下腹部胀满、大便秘结者，不宜食用。忌与葱、鱼同食。湿热症患儿不宜食用。 （资料原刊于《中国园艺》）

四、种植我国枣树的多个独特
的大果型和观赏型品种

枣业是我国独有的果业。我国加入世界贸易组织后枣业将遇上千载难逢的大好发展机遇。鲜枣中含有人体必需的多种元素,是备受国内和西方国家青睐的营养果品。枣有耐涝、耐盐碱、耐瘠薄、耐旱、病虫害较轻、易管理、结果早、效益高等特点,适合我国大部分地区种植。因此,种植大果型鲜枣和特色观赏枣,具有广阔的前景。

（一）品种介绍

1. 大果型鲜枣品种

（1）梨枣　果实大,长圆形或近球形,似梨状,平均单果重31.6克;果实褐红色,肉厚、绿白色,肉质松脆、汁多味甜,鲜食品质上等。

（2）大雪枣　果实大,果形似鸡蛋,平均单果重50克;果实浅褐色,质脆味甜,含糖量高,耐贮运。

（3）冬枣　果实近圆形,平均单果重14克;果实成熟时呈浅褐色,肉质细、脆嫩多汁,品质上等。

（4）大白铃枣　果实近球形或椭圆形,平均单果重24.5克;果皮棕红色、有光泽,果肉乳白色、汁液多、甜味浓,鲜食品质上等。

2. 观赏型枣品种

（1）茶壶枣　果面光滑、紫红色,果实肩部长有2~4个对角排列的肉质突出物,大小、形状似壶嘴,壶把与椭圆形枣果联成一体,恰似小巧玲珑的茶壶。形状奇特,艳丽美观,是培育名贵园林和盆景的观赏枣品种。港澳市场十分受欢迎,极有发展前景。

(2)**磨盘枣** 又名葫芦枣。果扁,呈磨盘形,不平整。果皮紫红色、有光泽,阳面有紫黑斑。果肉浅绿色。是培育名贵园林和盆景的观赏枣品种。

(3)**胎里红枣** 果实长椭圆形。果肉绿白色、脆甜,口感独特。枣树主干红褐色,发育枝紫红色,叶片深绿色。果实由出胎到成熟为深红色。整株树红绿相间,有很高的观赏性,是培育名贵园林和盆景的观赏枣品种,每个盆景在广东市场上可卖到 300 元左右。

(4)**龙枣** 果实扁柱形,果面红褐色,果肉质地细密、汁液中多。树干、枝条、枣吊都是弯曲生长,枝形奇特,有的曲折前伸,有的左弯右拐,其造型无需人为加工。植于盆中,观其茎、枝、叶、果,形态自然优美,是名贵的观赏枣品种,是盆景的好树种,也是观赏农业的好树种。

(二)高产技术

1. 栽植 梨枣秋栽、春栽均可,南方地区最好冬栽。栽植时的土壤温度和栽后的水肥管理对枣苗的成活率影响很大,各地要根据当地的实际情况选择合理的栽植时间。栽植密度株行距 1 米×2 米,每 667 平方米栽 330 株。栽植前挖好 60 厘米见方的定植穴,每 667 平方米施土杂肥 2 000～3 000 千克做基肥。栽植深度宜比原苗圃地深 2 厘米左右,栽后立即浇水,经常保持园地湿润,以确保成活。栽植后立即定干,定干高度 30～50 厘米,并剪除所有二次枝,有利于萌发新枣头。

2. 土肥水管理 采果后施圈肥、堆肥、鸡粪等做基肥。一般每产 1 千克鲜枣施 2 千克有机肥。追肥在萌芽前、花期、幼果期和枣果膨大期进行。前 3 次以氮肥为主,每 667 平方米施尿素 15～20 千克,第四次每 667 平方米施复合肥 25 千克。全年叶面喷肥 3～4 次,前 2 次喷 0.5％尿素溶液,后 1～2 次喷 0.3％磷酸二氢钾溶液。

3. 整形修剪　树形以小冠疏层形为宜。主干高 30～40 厘米,第一层留 3 个主枝,第二层留 2 个主枝,第三层留 1 个主枝,层间距分别为 80 厘米和 70 厘米。各主枝上均直接着生结果枝组,不留侧枝。树高不超过 3 米,冠幅 1.5～2 米。常用的修剪方法有:疏枝、回缩、短截、摘心、刻伤和开甲。幼龄枣园应重视夏剪,时间为 6 月中旬至 7 月中旬,对 40～50 厘米长的枣头打顶和打边头,由于枣头新梢发生有早有晚,生产上应进行 3～4 次夏剪。

4. 病虫害防治　重视枣炭疽和红蜘蛛、白蜘蛛的防治。枣炭疽俗称烂蒂把,是枣果的重要病害,可用福星霉能灵 600～800 倍液于发病前喷施防治。也可用石硫合剂防治红蜘蛛、白蜘蛛。

五、南方发展鲜枣的若干问题

国家制定"十一五"规划后,在机遇与挑战面前,我国枣业迎来史无前例的发展机遇。在枣业内部结构调整中,鲜枣生产是枣业发展中的热点,大果型特色鲜枣是热点中的新亮点。鲜枣栽培面积逐年扩大。山东省沾化冬枣已达约 3 333 公顷。尤其长江流域及其以南地区鲜枣生产发展十分迅速,重庆市的 666.67 公顷大枣园正在永川市建设中。其中,引种北方大果型特色鲜食品种,已显现优势,实现一年两熟。但盲目发展鲜枣及制约鲜枣规模化、商品化生产的问题还未解决。因此,研究我国名、优、特鲜枣品种如何利用南方天然资源优势和贸易条件,推动鲜枣规模化生产,成为当务之急。

我国长江流域及西部广大枣区,由于纬度和海拔的不同,较黄河流域五大枣区以及北方枣区有较优越的自然资源。据《中国枣树学概论》等相关资料介绍,南方近年大量引种名、优、特大果型特色鲜枣的实践,证明我国南北方枣树生长物候期有很大差异,其主导因素是温度(地温、气温)。除个别枣树品种外,在南方栽培的鲜枣,其根系活动、生长及萌芽、展叶、开花、挂果等物候期表现比北方要早。诸如萌芽物候期相差可达2个多月,且鲜枣在南方落叶晚,休眠期短。另外,南方大多数地区降水较多,无霜期长,极端最高气温较北方偏低,极端最低气温较北方偏高,这都为鲜枣生产与品质的优化奠定了良好的基础。在生产过程中,我国南方各枣区近几年不同程度地引种黄河中下游五大枣区的名、优、特鲜枣品种,特别是综合抗逆性状良好并具抗裂果特性的大果型特色鲜枣,采用密、矮、早、丰栽培技术管理,引起当地各级政府的普遍重视。四川省眉山市土地乡长虹村实现国光鲜枣一年三熟,4.67公顷枣园收入210万元。其中早熟和中早熟品种熟期提前,晚熟品种熟期延后,反季节应市特点颇具市场竞争力,展现出发展的潜在优势。枣果生长期长(11月中旬成熟),其色泽、果重、品质比原产地更优。又如浙江省玉环县陈金辉、云南省昆明市东川区唐登贵等农户,近几年分别引种选育的大果型超早熟鲜枣,在当地特殊自然环境条件下,当年栽植当年挂果1千克/株左右,平均单果重60克以上,并从第二年起均创造了露地栽培一年两熟(6~7月份一熟,10~11月份二熟)反季节应市的奇迹,且单株两熟产量5千克以上。枣果比原产地更甜、更脆、色泽更艳,枣果重是原产地平均单果重27克的2倍多。这些实

· 14 ·

例说明,北方名、优、特鲜枣尤其是大果型抗裂鲜枣品种南栽后,其品种优势与自然优势的发挥利用,可改善我国北方鲜枣应市常规,反补北方鲜枣应市空档。因此,这一优势的开发利用,对促进鲜枣规模商品化生产,无疑是一个极好的捷径。

就鲜枣产后的市场而言,南方各地枣区具有得天独厚的内需及外贸优势。据有关资料统计,近年我国内需主要消费市场除东北地区外,长江以南各地自身就是最大的消费市场,有港澳及沿海经济发达地区和人口密集大城市高消费市场的保障,同时又可利用全国外贸重要转口地广州、香港这一地缘优势,使鲜枣走出国门,进入马来西亚、新加坡、日本、韩国等20多个大量消费的国家和地区,占据国际果品市场一席之地。

目前,南方鲜枣生产总体形势是喜忧参半。喜在南方鲜枣市场有需求,群众有热情,技术有潜力。只要重视,并因地制宜地积极开拓内需及外贸市场,鲜枣生产前景将更广阔。但南方在鲜枣发展中也暴露出四个方面的问题:其一,鲜枣生产存在着较大的盲目性。一些地区只想搭乘"退耕还林"政策班车,很少考虑市场对鲜枣"量"与"质"的需求,不加选择地任意扩大栽植面积。据有关资料反映,一些枣区因发展太快,按传统模式栽植优质合格的嫁接苗仅占40%左右,绝大多数用的是品质低劣的地方品种、根系不良的不合格苗,加之未能采用科学建园栽植技术,致使成活率不足50%,甚至仅有25%左右。四川省广汉市枣农栽植3年不挂果,这种先天不足,导致成功建园推迟2～3年,加上重结果树管理、轻幼树管理的现实,给日后栽培优质品种与早果、早丰管理带来极大的困难,既丧失前期产量效益,又使丰产期拖后3～5年。目前,多数枣区幼园占50%以上,若因忽视幼园管理而延误提前进入丰产期,其经济损失将是十分惊人的。其二,栽植的鲜枣品种良莠不齐,因地制宜地合理搭配早、中、晚熟品种还未引起足够重视。一些枣区在"热情"冲动下，出现"一哄而上"、"顺大流"或"饥不择食"之势，表现为当地有啥栽啥，引种时社会上炒啥栽啥。未能立足本地自然资源优势进行优化选择，使本地和引种的一般品种甚至较差的品种占有较大比例，相反使许多适栽名、优、特鲜枣品种得不到开发利用。2002年底，鲜枣生产的势头逐渐减弱，"热情"开始降温，冷静反思，这些都是盲目发展带来的不良后果。其三，对经营管理和普及新技术与快速发展的关系看法不一。多数枣区沿袭传统模式管理，重发展，轻管理，普及新技术不力。建传统稀植园，每667平方米仅种110株，留高大树冠，管理粗放，丰产期每667平方米产量在500千克以下徘徊。这种枣园的枣果产量不及密、矮规范化管理枣园的1/3。一些枣产区为了早上市、抢好价，将鲜枣过早采摘上市，使鲜枣含糖低、口感差，人为造成鲜枣质量下降，造成市场积压，影响未来销售前景。其四，优质特色鲜枣品种开发和市场开拓进展缓慢成为制约鲜枣发展的瓶颈。近几年，鲜枣生产面积虽增加1倍多，个别地方也引种了抗逆性状好的传统名、优、特鲜枣品种，如冬枣、雪枣、梨枣和新选育的国光系列大果型特色鲜枣等，但其数量少、规模小，在鲜枣生产结构中占有的比例微乎其微。这一富有市场高附加值的鲜枣产品，在发展生产的同时，冷藏销售和恒温库保鲜新技术的推广应用，以及果品购销体制改革，均未引起足够重视。面对变化的市场，枣果购销采取"各自为战"的游击战术，枣农自发形成的购销组织又难以捕捉准确的市场信息和掌握市场动态变化规律，销售不畅，价格波动大，风险加大，势必发生"枣贱伤农"的现象。过两三年后，随着低产枣园改造和大批幼树进入结果期，产量将成倍增加，现有这种状况若无大的改善，销售形势将更加严峻。

基于南方鲜枣生产发展的现状,紧迫的问题在于立足长远,采取适当的政策和措施,防止因盲目发展带来的在生产、销售方面的大起大落,避免自然资源与社会资源的无谓浪费和损失影响枣农尽早脱贫致富。所以,立足现有基础,重视发展现状,从实际出发,调整发展规划和品种结构,应适当控制发展速度和规模。面对鲜枣的发展前景,首先要坚持以市场为导向,以质量求生存,以优质特色品牌为突破口,以效益为目的的发展思路。在实践中,要因地制宜,使品牌品种与自然资源优势有机结合,切记"精品和特色为贵"的市场规律,从"创品牌、精包装"思路出发,精确选择名、优、特大果型抗逆抗裂性强的鲜食品种。同时结合低产、质差枣园改造,积极调整优质品种结构,在早、中、晚熟品种合理配置中,着眼反季节应市空档,向超早熟和极晚熟两极品种发展,使鲜枣应市期提前或延后,既兼顾质量效益,又保证可持续发展。四川省眉山市4.67公顷枣园年产值210万元的成绩,主要是抓"早"字,6月底上市每千克30元,没有上路就在果园中售光。其次是科技部门要强化枣树实用新技术的推广普及力度,引导枣农用密、矮、早、丰栽培技术规范化管理枣园,不断提高鲜枣质量和经济效益,集中力量解决病虫害防治等重大生产技术难题,积极探索枣树生长促控和成熟期调控及鲜枣保鲜技术等。另外要推广区域优质鲜枣主栽品种规模化栽植,形成商品规模化经营,同时大力开发鲜食特色名牌产品和逐步健全产供销服务体系,增强鲜枣流通活力和竞争力。最后还要提出新型扶贫之路问题。重庆市扶贫办正提出产业化扶贫,也就是以市场为导向,以龙头企业为依托,利用贫困地区所特有的资源优势逐步形成贸工农一体化,产加销一条龙的产业化经营体系,持续稳定地带动贫困农民增收脱贫,做农民自己难以做到的事。重庆市富森林业有限公司计划年内发展666.67公顷,用3年时间在四川、重庆、贵州、广西、湖南、湖北等地发展6666.67公顷枣园,也正是走的这条路。

六、一种新的产业化扶贫模式

产业化扶贫是近年来我国西部地区正在实行的一种新型扶贫模式。什么叫产业化扶贫呢?就是以市场为导向,以龙头企业为依托,利用西部贫困地区特有的资源优势,逐步形成贸工农一体化、产加销一条龙的产业化经营体系,持续稳定地带动贫困农民快速致富。

重庆市山区较多,相对而言,山区经济也比较落后,农民缺信息、缺技术,更缺资金,对市场十分惧怕,即使种上好品种,有好产量,也怕卖不出而积压,在这种局面下,只有企盼政府,但政府地方财政又拿不出多少钱。

2005年,在重庆市政府的支持下,该市的富森林业有限公司开始实施扶贫工程,抓产业化扶贫经营、技术保障,产品实行回收,打消了农民怕产品卖不出去的顾虑。

发展红枣就是一个实例。该公司出巨资聘请中国农科院、北京农业大学、山东葡萄研究所、广西科技厅、广西丹妮红公司一大批专家教授。购进有专利技术的国光红枣,在四川省眉山市土地乡长虹村建示范基地。实现了一年三熟,吸引若干专家教授前来考察、外地农民前来参观。

该公司又先后在重庆市永川市黄瓜山、仙龙张家建立高标准科技示范园,免费向农民传授技术,发放资料、光盘、杂志、报纸,价值10多万元。这种先示范、后传授、再扶持、帮找销路的扶贫模式受到广大农民的欢迎。

发展经济林,利用退耕还林优惠政策扶持一点,企业保苗木、技术,又解决产品销路困难。

　　四川省崇州市三江镇种植近 66.67 公顷美国红提葡萄,由于苗木公司只卖苗不服务、不管技术,使 66.67 公顷红提葡萄不挂果,3 年中农民无收益。重庆市富森林业有限公司发现后马上从山东葡萄研究所和广西科技厅请来专家实地考察,发现是苗木混杂、质量差、农民不会修剪、营养生长过剩。一是采取动大手术修剪,二是改进管理,确保 2006 年有 50% 以上的植株挂果,解决农民技术难的问题。又宣传鲜枣产业,组织崇州市三江镇的农民到永川市参观学习。该公司又以每株 10元运去 1 万株红枣苗,派专家帮助栽了 3.33 公顷示范地。计划在 2006 年召开红枣现场会,推广当年栽树当年挂果的管理技术。全部红枣产品由该公司包销。第一年每 667 平方米产250 千克,第二年产 1 000 千克,3 年后稳定在 1 500 千克以上。当农民参观四川省眉山市土地乡 4.67 公顷红枣年收入210 万元、每 667 平方米产值创 3 万元后十分惊讶。农民才知道由龙头企业带动产业发展是可行的。重庆市永川市仙家镇张家生产队有 4 公顷地种植山西梨枣,由于管理跟不上,又不施肥,病虫害严重,杂草丛生,枝条乱成“一窝蜂”,农民眼看要把枣树刨掉。该市的富森林业有限公司便用转包办法承包 10年,通过施肥修剪和技术改造,确保 2006 年每 667 平方米产量达 1 000 千克,解决了农民的顾虑。眼下,永川市发展红枣热情十分高涨,计划在 2006 年发展 666.67 公顷大枣,形成大的鲜枣产业。

　　贵州省贞丰县供销社把栽培鲜枣列为扶贫项目,正在筹建 666.67 公顷扶贫基地。浙江省桐乡市有个花卉专业户吕振辉看到富森林业有限公司的报道,打去电话要发展红枣。该公司看好杭州、上海的大市场和杭州桐乡市四通八达靠近大城市的区位,马上全力支持,投资共建66.67公顷的鲜枣生产基地。该公司出2/3资金,采用三年生大苗,力争当年挂果,每株产量达1千克,力争在6月份上市,精包装后每千克卖30元。3年后每667平方米产量稳定在1 500千克,收入3万元。这一示范地的建立不仅能带动当地鲜枣产业的发展,也可以为西部开拓大市场,真正做到早上市、抢高价、致富快、奔小康,实现产业化扶贫共同受益的目标。

通过一年来发展鲜枣的实践,深深感到产业化扶贫的重要,也是农民快速致富的可靠途径。这条路如能走下去,农民富得快,企业也壮大。只有采取产业化经营,才能真正构建我国大农业。但大搞产业化扶贫,还要注意以下几点:①找准企业利益目标。结合政府扶贫目标,形成企业、政府目标一致性。鲜枣产业目前之所以能在政府退耕还林政策支持下发挥最大效益,关键是体现了企业、农户、政府共同的追求目标,三家为一体,大家都得利。②要选择适当的龙头企业。企业一定要有经济实力,有高科技人材和好的高科技项目等优势。③选择的项目一定要是农民迫切需要而又当年见效的,专家又是农民信得过的,公司机构也是农民看得到摸得着的,不让农民独担风险。④建立起生产合作的链条,形成利益共同体。产业化扶贫是由许多链条组成,链条环节适应千家万户,加工由龙头企业去完成。公司已注册商标,印制真空包装袋精包装,提前联系重庆、大连和四川外贸等单位,还在上海市建起代销办事处,切实抓住南方6~9月份早上市的机遇,确保收入的实现。⑤公司必须有足够的科技力量,因为广大农民科技水平较低,对技术掌握难度大,所以要先就地搞示范,让农民看得见,摸得着,再经过召开现场会,发放资料,村村培训技术员,并有技术员手把手教,跟踪服务。四川省崇州市三江镇栽 3.33 公顷枣园便由 2 名教授实地指导,一直栽完为止。⑥必须加强引导,贫困地区想在农业产业化上有所创新、有所作为,就必须在产地搞技术培训,组织参观,并制定切实可行措施,使企业、农户密切建立组织,成为一条龙服务。

产业化扶贫是一个"三角的均衡"(在产业化扶贫中龙头企业、农民和政府三者关系)。政府要协调好三家关系,加强领导。另外,龙头企业要先投入后收获,服务到位,还要一环扣一环,步步落实,取得农民信任。农民也要努力参与,多学习、快提高,才能适应产业化扶贫工作的发展。

第二章　南方鲜枣的生物学特性

一、鲜枣的适宜生长条件

（一）温　度

鲜枣是十分喜温的树种，在其生长发育期间需要较高的温度。北方枣树栽培发芽晚、落叶早。当春季日平均气温达到13℃～15℃时（重庆市永川市2月底前后）鲜枣芽开始萌发，达到17℃～18℃时抽枝、枣吊生长、展叶和花芽分化，19℃时出现花蕾，日平均气温达到20℃～21℃时进入始花期，22℃～25℃进入盛花期。花粉发芽的适宜温度为24℃～26℃，低于20℃或高于38℃，发芽率低，果实生长缓慢，干物质积累少，品质差。果实成熟期的适宜温度为18℃～22℃，霜期树叶落尽。枣树耐冬季极端最低温度的能力很强，休眠期可忍耐－30℃的低温。夏季可忍耐45℃短时的高温。

综上所述，凡是冬季最低温度不低于－31℃，花期日平均温度稳定在22℃以上，不高于38℃，果实生长发育期在日平均温度16℃以上的天数多于100天的地区，鲜枣均能正常生长。

（二）湿　度

鲜枣是抗旱耐涝能力较强的树种，对湿度的适应范围很广，年降水量100～1 200毫米的区域均有分布，以年降水量

400～700 毫米较为适宜。最低年降水量不足 100 毫米,最高 1160 毫米,均能正常生长结果,枣园积水 30 多天枣树也不会死亡。

鲜枣不同的生长期对湿度的要求有差异。开花期要求有较高的湿度,空气相对湿度 70%～80% 有利于授粉、受精和坐果,若此期过于干燥,空气相对湿度低于 40%,则影响花粉发芽和花粉管伸长,致使授粉、受精不良,落花落果严重,产量下降。"焦花"现象就是因为空气干燥,空气相对湿度过低造成的。如果花期降水量过多,尤其在花期连续下雨,气温低不利于授粉,花粉容易胀裂,不能正常发芽,坐果率也会降低。果实生长后期要求少雨的晴朗天气,白天温度高,夜间温度低,昼夜温差大,有利于糖分积累和果实着色。如雨量过多、过频,会影响果实的生长发育,裂果、浆烂等果实病害加重,并影响鲜枣的品质。

土壤含水量可影响树体内水分平衡及各部器官的生长发育。土壤田间持水量在 70% 左右有利于鲜枣的生长,当 30 厘米土层的含水量为 5% 时,枣苗会出现暂时性萎蔫;土层含水量 3% 时就会永久性萎蔫。水分过多,土壤透气不良,会因窒息影响根系生长,长期积水也会死亡。

(三)光 照

阳光是一切生物赖以生存的基础,它提供了取之不尽的能源,可实现能量转换。植物的光合作用,只有在光的作用下,各叶片的叶绿体把从空气中吸收的二氧化碳和从土壤中吸收的水分(包括叶片吸收的水)、营养元素转化成有机物,并释放出生物可利用的能源和呼吸所需要的氧气。鲜枣是喜光树种,它的枝条、叶片、果实和根系的生长都离不开阳光。适宜的光照可以促进光合作用,有利于树体干物质的积累及各部分器官的生长。花芽的分化及形成的多少,质量的好坏,坐果率的高低,果实的生长、着色,糖和维生素 C 等物质的生成都直接与光照有关。不仅如此,光照不足也会影响根系生长,因为根系生长所需的养分主要依靠地上部的光合作用产物。根系生长又会影响到贮藏养分和生长发育。光合作用也离不开根所吸收的水分和营养物质。

目前生产上常见的鲜枣园,为达到提早结果的目的实行密植,但由于管理不当造成枣园郁闭,树冠通风透光不良,致使形成无效叶面积增多,叶片的生产能力下降,造成树体衰弱,枣头、二次枝、枣吊生长不良,坐果率也低,产量少,果实品质差,内膛枝条枯死,结果部位外移,病虫害严重等现象。必须通过冬剪和夏剪,合理整形,解决鲜枣园的群体结构和树体结构过密问题,才能达到树体健壮,实现鲜枣优质高产的目的。

(四)土 壤

鲜枣对土壤要求不太严格,适应性强,是耐瘠薄、抗盐碱能力较强的树种,在土壤 pH 值为 5.5～8.2 范围内,含盐量(滨海地区)不高于 0.3% 的土壤上均能生长。平原荒地、丘陵荒地均可种植,特别是 2004 年党中央、国务院已明确指出,今后发展果树不能占用基本农田,因而鲜枣耐瘠薄、抗盐碱的优良特性在今后农业产业调整和农民增收上更有特殊意义。广西壮族自治区北海地区滨海沙滩地上栽植的鲜枣不仅长势好,而且生产出品质优良、闻名中外的名牌鲜枣。引种到四川省、重庆市山区,长势和结果同样很好。但仍以土层深厚、有灌溉条件、排水良好、土壤 pH 值适中、肥力较高的砂壤土、壤土上的鲜枣树生长更好,产量也高,树势健壮,品质优良,丰产性强,且经济寿命长。据观察,平原区表层为砂壤土,底层为黏质壤土,老百姓称为"含金土"上生产的鲜枣品质较好。

(五)风

微风与和风对鲜枣生长有利,可以促进气体交换,维持枣林间的二氧化碳气与氧气的正常浓度,调节空气的温、湿度,促进蒸腾作用,有利于枣树的生长、开花、授粉与结果。大风与干热风对鲜枣生长发育极为不利,在休眠期枣树的抗风能力很强,生长期则不利于授粉和坐果。萌芽期遭遇大风可改变嫩枝的生长状态,抑制正常生长,甚至折断树枝。花期遇大风特别是干热风,可使花、蕾焦枯或不能授粉,降低坐果率。果实生长后期和成熟前遇大风,导致落果或降低果品质量。为减少风对鲜枣生长的不良影响,选择园地要避开风口,建园前要规划栽植防护林带,花期喷水等技术措施改善田间小气候,为鲜枣生长创造一个较适宜的生态环境。

二、鲜枣各器官对生长的要求

鲜枣属于鼠李科枣属红枣品种中的以鲜食为主的品种,品质最佳。与其他落叶果树有不同特点,如花芽分化是在当年进行,与芽、叶、新生枣头生长、花蕾形成、开花、坐果同步进行。其结果枝为脱落性果枝,摘果后一般与叶片一起脱落,开花时间长、落花落果严重、坐果率极低等。为有针对性地搞好鲜枣的栽培管理,了解鲜枣各个主要器官及其生物学特性是必要的。故简要介绍如下。

（一）根

鲜枣的根系分为两种类型：一种是茎源根系。是用枝条扦插和茎段组织培养方法繁殖的苗木及其苗木分株产生的新个体的苗木根系。其特点是水平根系较垂直根系发达，向周围延伸能力强，分布范围是树冠的 2～5 倍，有利于增加耕层的吸收面积。水平根向上发生不定芽形成根蘗苗，向下分枝形成垂直根，长势较好，能吸收较深层土壤的养分，但延伸深度远不及实生苗的垂直根。另一种是实生根系。是由酸枣种子培育的根砧苗经嫁接鲜枣接穗而成的苗木，垂直根与水平根均发达，但垂直根比水平根更发达。据调查，一年生酸枣实生苗垂直根深可达 1～1.8 米，水平根长 0.5～1.5 米，是地上部分的 2～4 倍。

鲜枣的根系分布与砧木、繁殖方法、树龄、土壤质地及管理有关。一般在 15～30 厘米土层内分布最多，长期采用地面撒施方法施肥的枣树根系多分布在 20 厘米左右的土层内，采用深沟的方法施肥的枣树根系多分布在 40～60 厘米。根系分布深，吸收范围广，抗旱抗寒能力强，利于树木生长。根系水平分布范围一般多集中于树冠投影范围内，约占总根量的 70%。鲜枣的根系除具有吸收、固结土壤、支撑地上树体外，还具有合成养分、激素，贮存和转运养分、水分，参与代谢的重要功能。由于其根系有发生根蘗的特性，也是重要的繁殖器官。

鲜枣的根系活动温度低于地上部分，故活动先于地上，开始生长的时间因地区和年份而有差异，在四川地区一般 1 月下旬根系开始活动，6～8 月份为生长高峰期，落叶后进入休眠期。

（二）芽

鲜枣的芽分为主芽和副芽。主芽又称冬芽,外被鳞片,着生在一次枝、枣股(结果母枝)的顶端及二次枝的基部。主芽萌发可生成枣头,用于培养骨干枝,扩大树冠;也可生成枣股。枣股顶端的主芽每年萌发,生长量极小。枣股的侧面也有主芽,发育极差,呈潜伏状,仅在枣股衰老受刺激后萌发成分枝枣股。枣股上也可抽生枣头,但生长弱、寿命短,利用价值不高。在幼树整形时可将二次枝重短截(二次枝基径在 1.5～2 厘米时)可刺激形成新枣头,培养角度较水平的骨干枝。副芽为裸芽,又称夏芽。是着生在一次枝上的副芽,当年萌发形成二次枝或脱落性二次枝,在二次枝上、枣股上的副芽生成脱落性的结果枝,即枣吊。

有的主芽可潜伏多年不萌发,成为隐芽或休眠芽,其寿命很长,在受到刺激后可萌发成健壮枣头,有利于结果基枝和骨干枝的更新。在枣树的主干、主枝基部或机械损伤处,易发生不定芽,可生成枣头。这些特点都是鲜枣寿命长、百年以上的老树仍能正常结果的原因。

（三）枝

鲜枣幼树枝条生长旺盛,树姿直立,干性较强。成龄树则长势中庸,树姿开张,枝条萌芽力、成枝力降低。鲜枣的枝可分为三类,即枣头、枣股和枣吊。

1. 枣头　是由枣树主芽发育而成,是形成树体骨架或结果单位枝的主要枝条,即苹果、梨等其他果树上所谓的发育枝。枣头是一次枝和二次枝的总称,每个枣头有 6～13 个二次枝。二次枝是由枣头每节的副芽形成的结果枝,也称结果枝组,没有顶芽,翌年春季尖端回枯。由枣头、二次枝组成的结果枝组也称结果基枝。

2. 枣股 是生长量极小的结果母枝,也可视为缩短了的枣头,是枣头由旺盛生长转为结果的形态变异。枣股是由主芽萌发而成,生长缓慢,随枝龄的增长而增粗增长。枣股顶端有主芽,周围有鳞片。枣股主要着生在二年生以上的二次枝上,枣头在一次枝顶端和基部也可生成。每个枣股上可抽生 3～12 个枣吊,当遭受自然灾害和人为掰掉枣吊后,当年可再次萌发新的枣吊并能开花结果,这也是枣树抗灾能力较强的原因所在。枣股的寿命很长,可达 20 年以上。据观察,以 3～7 年生的枣股结果能力最强,10 年以后逐年衰弱,应及时更新。当然,枣股的经济寿命与栽培管理关系密切,肥水好的枣园,其寿命就长,否则就短。

3. 枣吊 即结果枝,又称脱落性果枝。主要由枣股上的副芽形成,当年生枣头一次枝基部和二次枝的各节也可着生枣吊。枣吊随枣树萌芽开始伸长,着生叶片并随之花芽分化形成花蕾、开花、坐果,果实成熟后,秋后一般随落叶一起脱落,个别木质化程度高的枣吊不易脱落。枣吊的长度与树体的营养水平、树龄、着生位置及管理水平密切相关。如对枣头进行重摘心,基部可生成木质化或半木质化的枣吊,结果能力明显提高。枣吊一般长 8～30 厘米,有 10～18 个节,在同一枣吊上以 4～8 节叶片最大,3～7 节结果最多。

(四)叶

叶片是进行光合作用、气体交换和蒸腾作用的重要器官。鲜枣叶片互生,为长圆形、长卵圆形、披针形,平均长 4.3 厘米、宽 2.3 厘米。叶片革质,有光泽,蜡层较厚,无毛。叶尖钝圆。叶锯齿,有的钝细,有的稀粗。叶色深绿,三主脉,叶柄黄绿。当日平均气温降至15℃时随枣吊一起脱落。

(五)花

鲜枣花着生于枣吊叶腋间,一般一个叶腋的花序有花3~7朵,营养不足可产生单花花序。其分化特点是当年分化、多次分化、随生长随分化,单花分化速度快,时间短,全树花芽分化持续时间长,可达2个月左右。鲜枣花芽分化从枣吊和枣头主芽萌发开始,随着枣吊的加长生长而进入高峰期,到枣吊停长花芽分化结束。花芽从枣吊的基部开始分化,枣股上的枣吊先萌发的先分化,枣头上先一次枝基部的枣吊分化,再各二次枝上的枣吊依次分化,同一花序则是中心花(0级花)最先分化。鲜枣的花芽分化与树体贮存营养和环境条件密切相关。一般枣吊基部与顶部几节因营养状况、温度等影响,叶片小,花芽分化慢,花的质量相对较差,坐果率及果实品质低,特别是遇干旱或干热风时易出现焦花和落蕾、落花现象。中部各节的叶片大,花芽分化完全而充实,结果能力显著增强。连续瓣芽试验也说明了这一点,随着瓣芽次数增加,萌发的枣吊及花芽质量依次降低,当养分枯竭时枣吊不再萌发。

鲜枣花开放一般从6月初到7月初,不同年份由于积温不同,花期也有差异。春季干旱、气温高时,花期早而短,春季尤其是花期多雨,气温低,则花期晚而长。据观察,庭院的鲜枣先于大田鲜枣,幼树先于老树。开花顺序为树冠外围最早,一般先分化的花芽先开放。一个花序中的中心花先开,依次是一级花、二级花、多级花的顺序开放。鲜枣开花为夜间蕾裂型,但散粉、授粉均在白天,对授粉无不良影响。

（六）授粉与结果

鲜枣花具浓香的蜜盘，为典型的虫媒花，自花结实，但异花授粉坐果率更高。因此，应大力提倡花期放蜂，完成授粉。在花开的当天坐果率最高，以后递减。枣花授粉、花粉发芽与环境、激素、营养水平密切相关。低温、干旱、大风、阴雨天气均对授粉、坐果不利。花粉发芽温度以24℃～26℃、空气相对湿度70%～80%时最为适宜，温度低于20℃或高于38℃、空气相对湿度低于60%都对花粉发芽不利。鲜枣花期喷水、喷九二〇和微肥可提高坐果率的原因也在于此。鲜枣盛花期的枣品质好，坐果率高。初花期的前几天与终花期开的花，坐果率低，果实品质也差。在生产中应抓好盛花期实施提高坐果率的技术措施。

鲜枣树落花落果严重。一般在花后1周左右开始大量落花落果，此次落果主要是花芽分化和授粉不良的枣果。在四川地区一般6月上中旬为生理落果，此次落果的主要原因是坐果过量、树体营养不足造成。鲜枣坐果后如果受伤的伤口愈合过早、过晚或营养生长过旺均会加重生理落果。

第三章　南方鲜枣的幼苗培育

鲜枣苗木的好坏,不仅会直接影响到栽植成活率的高低,而且与定植后前几年的产量和枣园的整齐度息息相关,对植株结果的早晚、产量和品质的高低及其抗性都有直接的影响。因此,培育优良健壮幼苗,是实现鲜枣早熟、高产和无公害绿色栽培的一个重要环节。为加快鲜枣苗木的繁殖速度,一些地方正在积极探索用嫩枝扦插和组织培养等新的快速繁育方式,并且取得了初步成果,但是在生产实际中应用的相对还很少。从南方大部分产区来看,嫁接繁殖还是快速繁育鲜枣苗的重要手段。因此,这里还是重点介绍鲜枣嫁接育苗。

一、南方鲜枣嫁接育苗

南方鲜枣嫁接育苗,就是将发育阶段较高、具有优良遗传特性的鲜枣良种母树枝条,接在对立地条件适应性较强的酸枣或其他枣树砧木上,使二者(接穗和砧木)的优良特性集中体现在一株新鲜枣植株上,这就达到了增强抗性又便于管理和优质高效的目的。

(一)鲜枣育苗地的选择

选择比较平坦、肥沃的育苗地,并且做好育苗前的各项准备工作,对提高单位面积产苗量和提高苗木质量非常重要。

育苗地应选在交通便利、背风向阳、地势平坦、便于灌溉、排水良好、土壤肥沃和质地疏松的地方。对于缺少灌溉条件的地方,也可以采用雨后或雨季育苗。育苗前或秋末冬初,将育苗地深耕,耕前施足基肥,要求每 667 平方米施入优质腐熟有机肥 3 000 千克,加优质复合肥 25 千克,同时用 50%辛硫磷乳油 1 000～1 500 倍液喷雾或开沟浇施,消灭南方多种地下害虫。

(二)鲜枣砧木的确定

我国南方,冬季气温和地温较高。在枣树分布区,冬季极端最低气温为 0℃左右,但是枣树抗寒力也不能忽视。酸枣多由种子繁殖,根系较发达,耐瘠薄、抗旱、抗寒,是鲜枣较理想的砧木。另外,枣区的根蘖小枣苗或大枣苗也可做鲜枣砧木。经过多年的实践证明,选用酸枣苗和根蘖苗做砧木进行嫁接育苗,各有优缺点。枣树根蘖苗在枣区来源充足,可以就地起苗、就地进行归圃育苗。管理比较好的归圃苗,可以实现当年育苗、当年嫁接、当年成苗,不足之处是归圃育苗每 667 平方米投入较种子育苗高,并且产苗量低,一般每 667 平方米产苗在 3 000 株左右。而酸枣种子育苗,投入低,苗木生长又整齐,产苗数量也多,一般每 667 平方米可生产苗木 6 000～7 000 株。但是如果管理不当,苗木生长不达标也不能嫁接,就要推迟嫁接时间,延长育苗周期,特别是在比较干旱的土壤上培育的一年生酸枣苗,根系很差,生长又慢,很不理想。

(三)酸枣砧木的培育

1. 酸枣砧木种子的选择　优良的酸枣种子(种仁),种子饱满,种皮棕色有光泽,剖开后子叶淡黄色,胚轴、胚根白色。除用肉眼观察外,最好再用红墨水染色法鉴定一下种子的生活力。其方法是:先把种仁浸于水中 24 小时,待其吸胀后,剥去种皮,放在 5% 的红墨水中染色 2 小时,然后再用清水冲洗干净。凡种子全部着色或种胚着色,则表明种子已失去发芽力;若仅子叶着色,则表明种子部分失去发芽力;有生命力的种子完全不着色。大量调种育苗时,还应进行种子发芽试验。首先随机抽取部分种子,在清水中浸泡 24 小时,然后放在器皿中,注意保湿,在温度 22℃～25℃ 的条件下,根据种子实际发芽天数和数量,计算发芽势和发芽率,判断酸枣种子的生活力。总之,凡秕粒、发霉、发黑或隔年存放失去生活力的种子不能使用。

2. 酸枣种子的播前处理 为保证育苗成功和培育优质壮苗,在播种前需要对种子进行筛选、浸种、催芽和消毒处理。

首先对选购的种子进行水选。将适量种子放入清水中浸泡半小时,然后将上浮的杂质和秕粒种子捞出。

经过筛选后的种子,继续用清水再浸泡,浸泡时间的长短以种仁吸胀为准,一般用凉水浸泡 24 小时即可,浸泡过久,会造成内溶物外渗,对种子发芽不利。为了消灭附着于种子表面的病菌或防止种子在发芽期间被病菌感染,对用清水浸泡过的种子,再用 0.3%～0.5% 高锰酸钾溶液浸种 1 小时,然后进行催芽或直接播种。这样幼苗苗壮而整齐,无病虫害,是十分理想的。

为使酸枣种子发芽快而整齐,用清水浸泡并经过消毒的种子,还要进行催芽处理。一般采用增温催芽的方法,就是把环境温度提高到种子发芽最适宜的温度,使种子快速发芽。春天将浸胀的种子放入种蔬菜的大棚中即可,温度一般为 25℃～27℃。催芽时可以混沙也可以不混沙。不混沙时,种子上面用湿麻袋片或是草帘覆盖,以保湿保温,待 20% 左右种子"露白"时便可播种。

3. 酸枣种子的播种时间、方法和管理　因地区而异。南方地区多在3月中旬至4月初,旬平均20厘米地温18℃时播种最为适宜。播种过早,因地温低仍不发芽,出苗也晚,还易烂种和遭鼠害;播种过晚,缩短生长时间,影响苗木质量。如果春播覆盖地膜,播期可提前到2月初。这样育成的酸枣苗生长快,只要抓好肥水管理及病虫害防治便可早嫁接。

为便于苗期管理和后期嫁接,酸枣育苗多采用开沟条播的方法。在育苗中应注意把握好五个环节:一是土壤墒情一定要好。播种前育苗地一定要浇水,造足底墒。如果播种时发现土壤墒情不好,播种沟内要点水,确保种子在发芽和出土过程中对水分的需求。二是深度要适宜。沟深一般在2~3厘米,播后覆土盖严,注意不要过深,以防影响出苗。为便于嫁接和管理,采用宽窄行的播种形式,宽行50厘米,窄行30厘米。三是药剂拌种。对经过药剂处理或未经过药剂处理的种子,在播种时,用有机磷农药稀释100倍,拌入麦麸里,然后将拌入农药的麦麸同种子混匀,一同撒在条播沟里,也可分别进行,从而有效地防治蝼蛄、蛴螬等地下害虫。四是播种量要适宜。按每667平方米留苗6 000~8 000株计算,当种子发芽率达到80%以上时,下种量一般为2.5~3千克。五是覆盖好。由于酸枣播种深度浅,覆土薄,表土易失水风干,在出苗前易造成种子芽干。因此,种子播后应立即用地膜覆盖。如果不用地膜覆盖,可顺条播沟培起20厘米宽、15厘米高的小土垄,用来保墒。播种后要经常检查出苗情况,对地膜覆盖的要做到随出苗随时将地膜划破,尽量推迟撤膜时间,以利于增温保墒,促进苗木的加快生长。对于培小土垄的,待发现有20%~30%的苗露出土表时,在无风晴天,将小土垄全部耪平,俗称"放风",放风2~3天后苗木即可出齐。这时也可喷施一些叶面肥,使苗又肥又壮。

播种后 12～15 天苗木出土,当苗高 10 厘米时进行间苗,株距 18～20 厘米。苗高 12～15 厘米时浇第一次水,结合浇水每 667 平方米追施尿素 15 千克。在苗高 25～30 厘米时进行摘心或喷施 500 毫克/升的多效唑,可抑制新梢生长,增加苗木粗度。在苗木的生长季节,应注意防治病虫害,一般喷 25% 杀虫双水剂 600～800 倍液即可有效防治。一般当年生苗高达 40～50 厘米、苗木基径 0.5 厘米左右时即可嫁接。嫁接后更要精细管理,促使加快生长。

(四)鲜枣根蘖砧木的育成

鲜枣根蘖繁殖是南方枣区繁育枣苗的另外一种方法,但是这种苗木拐子根多,毛细根少,当地培育当地栽植尚可,远运栽植成活率较低。为解决这一弊端,培育根系好、质量高的苗木,应采用枣树归圃育苗的方法,嫁接鲜枣的砧木。其方法是:育苗地选择和整地方法同酸枣育苗。将平整后的大块地做成畦,畦宽 2 米,在畦中挖行距 50 厘米的纵向长沟,宽 40 厘米,深 30 厘米,沟壁同地面垂直,以便于摆放苗木。栽植沟挖好后,选用枣树行间当年生苗,基茎粗度 0.4～0.6 厘米,根系完整,剪去劈裂及病根,地上部分留 2 个好芽或 20 厘米剪干,浸根令其吸足水分或用 10～15 毫克/升的 ABT 生根粉溶液浸根,将苗子摆入沟内,株距 25 厘米,摆完苗后封土一半并且踏实。紧接着浇足水分,待水渗后封土保墒。对留 2 芽剪干的苗子,可采用地膜覆盖的方法,提高栽植成活率。苗木发芽后,马上将地膜划破,用土将苗木四周的地膜压好,以防透气。苗木成活后,留 1 个主芽,其他萌芽及时除掉。加强中耕、除草,结合浇水进行追肥,并且加强病虫害的防治,促进苗木快速生长。

二、南方鲜枣嫁接苗的培育和护理

（一）鲜枣接穗的采集和处理

在培育鲜枣苗木时，为了保证苗木品种的优良，应在生长健壮，具备高产、稳产和品质优良的鲜枣母树上采集接穗。大量育苗时，应建立专以采穗为目的的采穗圃。接穗应选用树冠外围生长充实的二年生枣头或二次枝，粗度以 0.4～0.6 厘米为宜。休眠期采集接穗，以适当晚采为好。一般在萌芽前15～20 天采集，这时所采集的接穗芽子发育饱满，枝条养分和水分充足，嫁接后萌芽快，生长壮。接穗不论是枣头还是二次枝，一般留单芽，长度4～5 厘米。对于节间比较短的枝条，可留2个芽，接穗上剪口距上芽 0.3 厘米左右，这样成活率才高。

剪好的接穗，应立即进行全穗蜡封处理。其方法是先将工业用石蜡放在器皿中，用炉火将其熔化，蜡温掌握在 100℃左右（为便于掌握温度，盛石蜡的器皿应置于始终沸腾的水盆中），将接穗逐一速蘸蜡液。如果接穗数量大时，也可将接穗放在铁笊篱中速蘸，蘸完蜡的接穗应迅速分散开，以便散热冷却。蜡封后的接穗，剪口鲜绿，透明光亮。如果接穗发白，说明蜡温偏低，封蜡较厚，嫁接使用中容易脱落。蜡封后的接穗，应置于温度为 0℃～4℃、空气相对湿度在 90％左右的冷库中存放，随用随取。

（二）鲜枣嫁接方法

鲜枣嫁接是根据对接穗所取的部位和嫁接时间不同，分为枝接和芽接。在实际生产中，应根据嫁接目的、季节、砧木和接穗的特点,采取不同的嫁接方法。这里重点介绍劈接、插皮接、腹接、芽接和绿枝嫁接等五种方法。

1. 劈接 是枝接的一种方法。主要特点是嫁接时期早,苗木生长时间相对较长,特别是嫁接后一般不需要绑扶,省工方便。

采用劈接法嫁接鲜枣,从枣树发芽前半个月即可进行,此时树液已开始向上流动,砧木尚待离皮。在嫁接时,首先要在距地表4~6厘米处剪砧,清理砧木周围的杂草。在南方地区,苗木嫁接部位常选在砧木根颈以下的光滑部位。在嫁接前先将砧木从地表向下挖8~10厘米,露出根颈下光滑部分。嫁接时,再将砧木剪至所要嫁接的部位。用嫁接刀沿砧木断面圆心垂直下切,也可直接用剪刀剪开,切口长2.5~3厘米。然后将接穗迅速削成双马耳形,削面长2~3厘米,并使一边薄一边厚,接穗基部断面呈近三角形,芽位于楔形削面窄边的上部。接穗削好后,迅速插入砧木裂缝内,使接穗削面较厚一侧在外与砧木的形成层对齐,接穗削面露出2~3毫米在劈口外面,俗称"露白"。接好以后,用塑料条迅速将接口绑扎好。对于嫁接砧木比较粗者,在砧木剪口处另附一块塑料膜捆扎结实,以防透风或土粒落人缝内,影响愈合。此方法也可用于大树多头改接,即高接换头(图1)。还可以利用淘汰的旧品种更新更优良的品种,如重庆富森林业有限公司用山西梨枣老树嫁接山东国光大枣使产量翻一番,第二年每667平方米产量达到2 000千克。

2. 插皮接 也是枝接的一种方法。此法是在树液旺盛流动的萌芽期或萌芽以后,砧木皮层易于剥离时进行。插皮接一般适合砧木粗而接穗细的情况,操作简便,成活率高。

嫁接时,先横剪断砧木,选皮部光滑处,用芽接刀或修枝

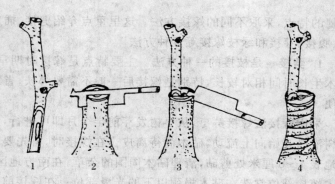

图 1 劈 接

1. 削接穗　2. 劈口　3. 接合状　4. 绑扎

剪纵向自下向上划口,深达木质部,剥开皮层,呈三角形裂口;然后在接穗下端向上 2～3 厘米处,向下斜削接穗,削面长 2～3 厘米,呈马耳形,削口基部断面近"一"字形,以利接穗下插;插入接穗削面的上端稍"露白"。绑扎方法同劈接。最近几年,此方法在枣树改接鲜枣即高接换头中应用较多(图 2)。

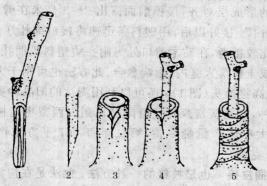

图 2　插皮接

1.2. 削接穗　3. 砧木及纵向切口　4. 接合状　5. 绑扎

3. 腹接 也是枝接的一种方法。多使用于比较粗一点的砧木,在酸枣育苗嫁接中常用此方法。

嫁接时,先剪断砧木,砧木断面一般剪成斜面,在斜面高的一侧向下斜剪,剪口深达木质部,横深不能超过砧木接口处的 1/3,以免影响主干发育或导致风折。接穗的削法基本同劈接。不同之处就是腹接接穗削面,一面稍长,一面稍短;嫁接时,长削面向外,短削面朝里;其他与劈接方法相同(图 3)。

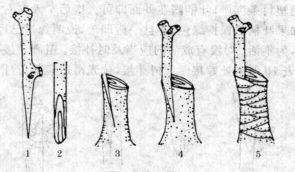

图 3 腹 接
1,2. 削接穗 3. 剪口 4. 接合状 5. 绑扎

4. 芽接 枣树芽接常用"T"字形芽接。在营养生长期内均可进行。但要注意,嫁接时期过早,充实而具旺盛生活力的芽子尚未形成;嫁接时期过晚,树液流动减缓或停止,剥皮不易,愈合较差,成活率低。南方一般 4～6 月份是枣树芽接的适宜时期,这时嫁接成活率高,枝条长势旺。9 月下旬或 10 月上旬进行芽接,嫁接后接芽不萌发,待翌年春天剪砧后萌发。

芽接用当年生枣头为接穗,接芽多用枣头主轴上的主芽(二次枝上的芽也可),剪下的枣头应立即剪去其上的二次枝及主芽上的叶片(留叶柄),用湿布包好备用。

"T"字形芽接,采取三角形取芽法。用锋利的芽接刀,在芽上方 3 毫米处横切一刀,深达木质部,其长度因砧木和接穗粗度而定。然后在芽的两侧各斜切一刀,使刀口在芽下 10 毫米处相交,深达木质部。在芽的下方微带木质部,自下向上削至横切刀口。接下来在砧木上开"T"字形接口,纵横各切一刀,深达木质部。横刀口应大于接芽宽,纵刀口小于接芽长,仔细用芽接刀的刀尖沿纵向切口把砧木的皮剥起,取下接芽,迅速插入"T"字形口内,使芽的上切口和"T"字形口上部紧密结合,用塑料条绑严,叶柄露在外面即可。接后 7 天左右进行检查,如果叶柄仍保持绿色,并且一碰即落,说明嫁接已经成活;反之,为不活。对没有成活的应当及时补接。苗圃芽接一般在距地表 10 厘米处嫁接。大树芽接,选光滑适宜部位(图 4)。

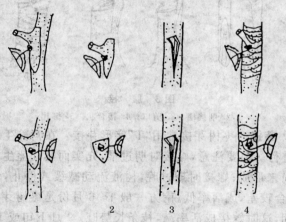

1　　　　　2　　　　　3　　　　　4

图 4　"T"字形芽接

1. 取芽片　2. 芽片　3. 砧木"T"字形切口　4. 绑扎

5. 绿枝嫁接　这也是枝接的一种方法。是在枣树的生长季节,利用半木质化枝条进行嫁接。这种方法,可更好地利用当年夏枝,加快了繁育速度,延长了嫁接时间。同时,只要将当年生半木质化接穗进行蜡封,在常温下可存放 7~10 天,克服了夏季嫁接必须随采接穗随嫁接的缺点。其方法是:从 5 月中旬开始,采当年生半木质化枣头,立即剪去叶片,保留叶柄,选枣头中间芽子发育比较饱满的枝段剪取接穗,接穗上剪口距芽 0.3 厘米,剪好的接穗立即蜡封以防失水。蜡封时蜡的温度在 90℃左右,蜡封后的接穗立即放入凉水中(新提井水),捞出后阴干备用。据笔者试验,嫁接时间分别为 4 月 20 日和 27 日、5 月 20 日和 6 月 2 日,嫁接方法采用劈接或腹接,接后 7 天开始萌芽,嫁接成活率达到 90%,当年苗木最高可达 1.2 米,苗木平均高度达到 80 厘米。

(三)鲜枣嫁接后的管理

鲜枣嫁接成活率的高低和成活以后苗木生长势的强弱,首先同嫁接技术密不可分,另外同嫁接以后的肥水管理相关。一是要及时清除萌蘖。从苗木嫁接到接穗发芽,一般需要 12~14 天时间。由于养分的相对集中,在砧木基部会抽生一些萌蘖,如果清除不及时,势必影响嫁接成活率。这期间,3~4 天清除萌蘖 1 次,共清除 2~3 次。二是剪枣吊。由于在嫁接时选用了二次枝做接穗,一部分比较粗壮的接穗,成活后直接长出枣头,而另一部分萌芽后长出枣吊,为使产生枣吊的这部分二次枝快生枣头,必须将生成的枣吊从基部留 0.5 厘米全部剪掉,一般 6 天后可生出枣头。三是适时绑扶。当嫁接苗木长至 20 厘米时,对用芽接和插皮接方法所生的枣头,应及时进行绑扶;对劈接和腹接的苗木一般不需要绑扶。利用芽接方法嫁接的苗木,成活后及时将绑条割断,以免出现缢痕,影响生长。除芽接以外,用其他方法嫁接的苗木,如果选用厚度及松紧度适宜的塑料绑条,不影响苗木后期生长,免去了割断绑条这道工序。四是加强肥水管理。待嫁接的苗木成活后，应及时追肥浇水，每 667 平方米追施尿素 15 千克，结合施肥进行浇水，浇水后或雨后要及时进行中耕除草。五是防治虫害。春天嫁接的苗木，在萌芽期，正值食芽象甲、枣瘿蚊的为害盛期，在这时应喷 1～2 次灭扫利，即可有效防治；一般需喷 1～2 次有机磷农药，即可有效防治红蜘蛛和其他食叶害虫。

三、南方鲜枣苗木的起苗、分级、包装和运输

鲜枣的优质壮苗应当是根系发达，枝、皮伤少，用根蘖苗做砧木嫁接的苗木，侧根必须达到 4～6 条，且直径 2 毫米以上，长 15 厘米以上。用酸枣做砧木时，要有 6～8 条侧根，苗木高度均在 1.2 米以上，根颈粗度 1 厘米以上。枝梢成熟好，顶芽发育充实，全株无重要的病虫寄生或附着。嫁接苗接口愈合良好。

（一）鲜枣的起苗和分级

根据栽植季节的不同，分为秋季起苗和春季起苗。秋季起苗，在落叶后封冻前进行，一般在 11 月下旬至 12 月底，在此期间以早起为好；春季起苗，多在 10 厘米地温 6℃～7℃时、枣树萌芽前进行，一般在 2 月上旬至 3 月上旬，在此期间以适当早起为好。为保证苗木成活，在起苗时应注意以下几点：一是起苗时，根据园地的远近及建园要求，对留干苗应短截二次枝；截干苗，沿主干剪去一部分二次枝后在苗行两侧 30 厘米处垂直切断苗根，入土深度约 30 厘米。再由苗行一端开始，向下深挖土层，深 30～40 厘米，自下向上托起，这种起苗法不仅速度快，而且伤根少。如果苗圃地土壤过干，起苗 3 天前应浇

1次水。二是起苗不宜在大风或烈日下进行。因特殊情况，非起苗不行者，应随起苗随假植，尽量缩短苗木根系在日光下的暴晒时间，把挖下的苗木用苗床上的湿土临时将根系埋住，以免脱水损伤根系。据广西壮族自治区南宁市三塘镇周克夫枣园调查，苗木主根和侧根的水分含量分别在42％以上时，苗木栽植成活率在90％以上。风干2天，主根和侧根含水量分别为30.89％和27.4％，成活率为50％；风干3天，含水量分别为30.4％和22.7％，栽植成活率仅为20％。三是成批苗木外运时，当天起下的枣苗不能外运者，在收工前集中苗木，按其大小进行分级，50株1捆，立即深埋假植。假植3天以上者，必须充分浇水。四是把伤根苗、病害苗挑出，按规定处理。

（二）鲜枣苗木的包装和运输

苗木起出后，进行适当的处理和包装，对保护树干和根系水分、提高造林成活率十分必要。应视苗木运输时间的长短，来确定所要采取的措施和方法。对于近距离调苗，一般指省内调苗，运期不超过3天时，以汽车直运为宜，且适当多留树干，枣苗包装以50株为1捆，便于搬运、蘸泥浆和装卸。为减少苗木树干和根系失水，可于起苗后装运前，对树干用塑料袋包好，再用蒲包、草袋或塑料袋包裹根系。装车时，苗捆大量喷水，盖一层湿草袋，再用帆布盖严，防止风吹日晒。对于远距离调苗，有时运苗期达到5天，所以科学运苗成为造林能否成功的关键一环。大批苗木远运，采用截干运苗。留主干30～40厘米进行截干，包装前草袋和草绳浸泡于水中1天，枣苗50株1捆，苗干和苗根全部蘸泥浆，将蘸过泥浆的苗木装入湿草袋，草袋外套厚聚乙烯塑料袋。为防止薄膜损坏，便于苗木搬运和保持苗木水分，塑料袋外再套一层麻袋。装车后，对枣苗袋大量喷水，然后用帆布将苗木盖严。苗木运抵目的地后，立即解包，将枣苗浸入水中 8~12 小时，使枣苗体内的失水快速得以补充，恢复正常。将吸足水分的枣苗就地假植，浇足水，做到随用随取，成活率一般不低于 90%。

四、南方鲜枣的绿枝扦插育苗

扦插法培育苗木，具有繁育速度快、育苗量大、节省土地和繁殖材料等特点，便于实现集约化、工厂化育苗。鲜枣是属于比较难生根的树种，尤其是硬枝扦插生根率比较低。最近几年，广西、云南、四川等省、自治区都在积极摸索鲜枣嫩枝扦插育苗的方法和技术，并且取得了一些成功经验和成果，特别是随着全光照喷雾育苗技术和 ABT 生根粉在枣树扦插上的应用，使鲜枣嫩枝扦插成活率达到了 90%。这一技术的成功，为鲜枣苗木的繁育找到了一条新路。

（一）鲜枣插条的选择

插条的生根能力一般随着植株年龄的增加而降低。在选择插条时，应采集年龄幼小的母树或幼龄枝条，这样可提高扦插的成活率。同时，插条的生根能力同枝条所含的营养物质高低有关，碳水化合物含量高对生根有良好的促进作用。因此，插条一般在幼龄鲜枣树上选取。对于成龄母树，必须采取返幼处理，促使萌发幼龄枝条。常用的方法有修剪、环剥、刻伤和断根。成龄母树越靠近下部或基部的枝条，枝龄相对较小。在初春进行修剪，可使老树返老还童。修剪强度越大，生长势越强，侧枝萌发率和隐芽萌发率越高。在修剪的同时，配合环剥和刻伤措施，才能获得较为理想的插条。环剥和刻伤的目的就是截断由上向下运送的养分和生长素,使被处理枝条的 C/N 比提高,提高插条的营养和激素水平,加速不定根的形成。插条用半木质化枣头和二次枝均可,但是以枣头最为适宜。

(二)鲜枣插条的处理方法

将剪取的嫩枝选中间部分截成 15～20 厘米长、留 4～5 节,上剪口距芽 1 厘米剪成平茬,下口削成单马耳形,去掉下部 5 厘米以内的侧枝和叶片,保留上部叶片,每 20～30 枝捆成 1 捆。

剪好的插条,先用 40%多菌灵 800 倍液或 0.5%高锰酸钾溶液浸泡基部 10～15 分钟,捞出片刻后再用生根剂进行处理。据试验,ABT 生根粉对鲜枣嫩枝扦插生根具有明显的促进作用,在带叶全光照喷雾条件下,插条用 ABT 1 号生根粉 1 000 毫克/升溶液速蘸基部 5～10 秒钟,扦插后 10 天左右开始生根,40 天左右生根率达到 84.5%。用吲哚丁酸 1 000 毫克/升溶液速蘸 5～10 秒钟,插条伤口愈合好,并且新根大部分由皮层产生。

(三)绿枝扦插育苗措施

1. 运用塑料膜小拱棚嫩枝扦插 插床选地势平、光照足、利于排水的地块。插床畦宽一般 1.8～2 米、长度一般不超过 15 米,畦与畦之间挖 25 厘米深、25 厘米宽的排水沟。插床以砂壤土为宜,如土壤较黏可掺入适量的细沙,床面与地面相平或稍低于地面。然后在插床上搭建遮阳棚,以混凝土桩或竹木桩做立柱,棚高 2.2 米左右,棚的西南面和顶部用苇帘或遮阳网遮盖。防止阳光直接照射,降低棚内温度。棚内透光率一般掌握在 20%～30%。

扦插前,先将畦内土壤深翻 30 厘米,用多菌灵进行消毒,扦插时间以 5～6 月间为宜。在阴天或晴天 8 时前采条,上午 9 时前或下午 5 时后进行打孔扦插,深度 3～4 厘米,每平方米插 200～300 根。插完一畦后立即向插条上喷洒 50% 多菌灵 800 倍液,并在畦上覆盖塑料薄膜。拱棚高 60 厘米,棚的两端和一侧用土压实,另一侧用砖压实。棚内 10 厘米地温以 25℃ 左右为宜,气温保持在 28℃～32℃,空气相对湿度 80%～90%。短时最高温度不应超过 38℃,如果温度过高可向棚外或遮阳棚内喷水降温;为保持湿度,每日早晚各向棚内喷水 1 次;扣棚后每隔 5～7 天喷 50% 多菌灵 800 倍液 1 次,防止叶片和插条感染病菌。

扦插 1 个月以后,大部分插条已经生根,此时即可进行炼苗。炼苗方法是:傍晚掀开拱棚一侧塑料薄膜 1/3 进行通风,每天早晚各喷 1 次水,以后逐渐扩大通风面积,1 周后即可全部去掉拱棚,这时应继续喷水,以保持土壤含水量。撤棚后逐步去掉苇帘或遮阳网,使小苗完全适应外部环境。

2. 全光照喷雾嫩枝扦插 采用全光照喷雾嫩枝扦插技术,是在露地全日照的条件下,采取间歇喷雾的方法为插条枝叶提供水分,调节沙床和空气的温度和湿度,使插条叶子能够正常进行光合作用,再加上通气、排水和清洁的插床,从而促进了嫩枝插条的迅速生根。特别是 ABT 生根粉与该项技术的结合,大大提高了鲜枣扦插的生根率。在广西壮族自治区南宁市三塘镇和北海市银海区采用全光照喷雾嫩枝扦插技术后,插条的成活率均超过 98%。

插床选背风向阳、地势较高、水电比较方便的地方修建,用砖垒成高 50 厘米、直径 12 米的圆形插床,面积为 113 平方米。垒墙时用泥黏合,以便多余的水自由排出。墙体每隔 2.5

米留一个 10 厘米见方的排水孔。床底层铺 10 厘米厚的鹅卵石或大石子,中间层铺 15 厘米厚的粗河沙或粗炉灰,上层铺 10 厘米厚的干净细河沙或细炉灰作为扦插基质。为便于扦插和管理,在床面上用砖每隔 1 米平行摆放成畦形。所用的设备为中国林业科学院生产的双长臂自压旋转扫描喷雾装置,自控仪设备为 mⅢ 型叶面水分控制仪。扦插前 1～2 天,用 0.5％高锰酸钾溶液对插床进行消毒,每平方米用药液 4 升,2 小时后用清水冲洗待用。

扦插时,所用的插条同小拱棚扦插用的插条及处理方法相同。扦插全天都可进行,应做到随插随喷水,扦插的密度以插条叶片不相互重叠为宜。最好是互不妨碍互不影响光照,采用大小一致的插条。

扦插完成后,立即启动喷雾装置。喷雾控制仪可根据叶面的干湿情况自动控制喷雾。光照强度越高,喷雾越频繁,间隔的时间越短。清晨和黄昏光弱喷雾少,晚上自动停止喷雾,这时应启动控制仪的定时喷雾开关,可每半小时喷雾 1 次,每次喷雾时间在 30 秒左右,保证插条在夜间不失水。如果启动控制仪的定时喷雾键进行全天喷雾,可根据天气情况人为调整,只要定好时间可自动定时喷雾,一般每天 8～10 时每 15 秒钟左右喷 1 次,10～16 时每 10 秒钟喷 1 次,16 时后逐渐减少喷水次数。在管理中,每周在傍晚停喷前喷 50％多菌灵 600～800 倍液 1 次,防止插穗腐烂。插后 12 天时喷 0.3％尿素溶液 1 次。

鲜枣嫩枝扦插育苗,在喷雾条件下,应尽量延迟插条的落叶时间。特别是生根以后,大部分叶子已经脱落,此时插条上的嫩芽会明显地生长。插条生根温度一般在 18℃～28℃,最佳生根温度在 25℃左右,由于间断喷雾,降低了强日照产生的高温，一般可降低 4℃～8℃,而使插床表层温度在比较适宜生根的范围内变化。湿度是嫩枝扦插生根的重要因素之一,间歇喷雾能保证插条的正常生理活动而不枯萎,这为插条生根赢得了时间,并且能保持插条周围的空气湿度和插床的含水量。插床具有良好的排水性,使插床基质内含有足够的氧气。以上这些都为插条的生根提供了非常有利的条件。插条叶片光合作用提供的营养物质和生长素,加上外部生根素的作用,能够促进插条基部的生理变化,一般 8～10 天后插条基部表皮出现瘤状隆起,15 天左右生出新根,20 天后达到生根高峰,30 天后基本停止喷水,炼苗 5～10 天即可移栽。

　　苗木移栽前,需要对栽植地块进行平整做畦,一般畦宽 2 米,每畦开 3 条沟。株距 20 厘米。将苗木栽植于沟内,扶正并用细土压实。为了提高移栽成活率,1 周内应向畦内苗木喷水,以缩短苗木的缓苗时间。同时也可将生根苗移植到营养钵内,钵的规格为 8 厘米×8 厘米。营养土按壤土、河沙、腐熟粪为 3：3：1 配制,并用 0.4%高锰酸钾溶液消毒,然后再放回原插床上,适当喷雾,待苗木成活后,即可进行移栽,移栽后灌足水,一般成活率可达 90%。

五、南方鲜枣的组织培养和脱毒育苗

　　组织培养是利用植物细胞的再生作用和全能性,在离体、无菌的特定条件下,利用枣树茎尖或茎段作为外植体,诱导发育成再生植株的方法。我国枣树组织培养工作起步较晚,目前单培体胚乳、茎尖培养均已成功。

　　目前,国内外果树生产中,为克服病毒和类菌质体病害对果树生产带来的威胁,对无病毒苗的培养越来越受到重视。尤其是在枣树快速发展、鲜枣苗木供不应求的情况下，枣的茎尖培养具有特殊的应用价值。

茎尖培养一般经过四个环节。一是初代培养。将采来的茎尖先用 70％乙醇灭菌 5 分钟，然后再用次氯酸钠或次氯酸钙灭菌。初代培养基多用琼脂（0.7％）培养基，其成分为 MS 无机盐类、蔗糖、肌醇、盐酸硫胺素、腺嘌呤等。在培养过程中，当发现培养基上有褐色物质出现时，这时外植体开始生长，有的组织块中出现叶绿体。为防止褐色物质污染，应把培养成活的组织块移到成分相同的培养基上，这个过程大约需要 30 天。二是转入分化培养基上。分化培养基与初代培养基的成分基本相同。当茎尖培养出现莲座状枝叶时，即可利用培养基中细胞分裂素的浓度，来改变培养物的分化方向与速度。在 6-苄基氨基嘌呤浓度为 0.03 毫升/升的培养基上可以生长出主枝，但在 6-苄基氨基嘌呤浓度为 1 毫升/升的培养基上主枝、侧枝均能生长，整个过程大约 30 天。三是转入生根培养基上。取 2～3 个嫩芽，使其摄取适当的生长素以产生不定根。处理方法是，可浸入微量生长素萘乙酸溶液中，移植于不含生长素和细胞分裂素的培养基上，经过 30 天左右即可生根。四是对生根后的幼小植株进行炼苗，当幼苗长到一定高度时，必须移出瓶外。通过驯化锻炼，使幼苗的适应性和抗逆性均有所增强，经过幼苗锻炼，就可以将幼苗移栽到营养钵中，待苗木长到约 20 厘米时移入苗圃地。

第四章　南方鲜枣的建园

一、南方新建鲜枣园应注意的问题

　　鲜枣的无公害生产乃至无公害绿色鲜枣的生产是市场的需求,是未来果品生产的发展方向,新建鲜枣园要符合生产无公害鲜枣的建园标准,并要考虑未来果品升级,生产绿色果品、有机果品的需要。生产无公害果品的另一重要内容是减少枣园用药,既要做到枣园用药少,又要确保枣树不受病虫危害,因此,就必须从果树本身的抗病虫能力和合理利用天敌抓起。枣树本身的抗病虫能力与其遗传基因有关,也与枣树生长健壮程度有关。天敌的繁衍与果园的群体结构和环境有关。只有采用科学的栽培技术,才能使枣树生长健壮,提高枣树的抗病虫能力。枣树树体结构和枣园群体结构合理,营造有利于天敌繁衍的环境,合理利用天敌,才能减少用药,生产出符合无公害标准的优质果品。园址的选择:生产无公害枣果的枣园要求远离有污染的工矿企业、医院、生活污染源及车流量多的重要交通干线。无公害农产品产地大气质量要求见表1。

表1　无公害农产品产地大气质量要求

项　　目	指　　标	
	日平均	1小时平均
总悬浮颗粒物(TSP)(标准状态)(毫克/米^3)	0.3	——
二氧化硫(SO_2)(标准状态)(毫克/米^3)	0.15	0.50

项　　　　目	指　　　标	
	日平均	1 小时平均
氮氧化物(NOx)(标准状态)(毫克/米³)	0.12	0.24
氟化物(F)[微克/(分米²·天)]	月平均 10	—
铅(标准状态)(微克/米³)	季平均 1.5	季平均 1.5

　　土壤承载枣树,不仅为枣树提供所必需的养分,而且直接影响枣树的生长和果品的品质。建园前必须对土壤进行全面的调查,选择无有害物质、重金属含量不超标的土壤和水源,适宜生产无公害鲜枣的地块。无公害农产品产地浇灌水质量要求见表 2。

表 2　无公害农产品产地浇灌水质量要求

项　　　目	指标	项　　　目	指标
氯化物(毫克/升)	≤250	总铅(毫克/升)	≤0.1
氰化物(毫克/升)	≤0.5	总镉(毫克/升)	≤0.005
氟化物(毫克/升)	≤3.0	铬(六价)(毫克/升)	≤0.1
总汞(毫克/升)	≤0.001	石油类(毫克/升)	≤10
总砷(毫克/升)	≤0.1	pH 值	5.5~8.5

　　土壤质地也影响鲜枣生长。一般来说,最适宜鲜枣生长的土壤是壤土,也叫中壤土。砂质土壤透水性和通气性、热量状况良好,耕作容易,但有机质和腐殖质含量低,分解快,保水保肥能力差,成苗率高,但后劲不足。黏质土壤透水性、通气性差,排水不良,当地势低洼时,土壤含水量高、温度低,耕作阻力大,易板结。但土壤有机质和腐殖质含量较高,作物生根困

难,所以幼苗成苗率低,但后劲足。壤土有机质和腐殖质含量高,土壤的理化性状介于砂壤土和黏壤土之间,是最有利用价值的土壤。广西壮族自治区南宁市三塘镇周克夫果园在沙土地上多用过筛城市垃圾土改良后种鲜枣,使产量翻一番,灌阳县在黏土地压沙改良土壤的效果也很好。

土壤中的溶液组成不同,致使土壤呈酸性或碱性。土壤的酸碱度影响鲜枣树的生长。鲜枣适宜在pH值为5.5~8.2、盐度(沿海地区)不高于0.3%的土壤上生长。

平原、丘陵山地均可发展鲜枣,近几年鲜枣引种既有平原又有丘陵山地,表现十分良好。笔者曾在河南省平顶山市宝丰县利用荒山酸枣的资源改接鲜枣,十分成功。关键是要根据不同的地形采用适宜当地条件的整地和管理技术。

平原地区地面高差起伏小,较为平坦,十分便于管理。一般分为冲积平原和沿海冲积平原。

冲积平原地面平整,土层深厚、较肥沃,便于耕作,适宜发展果树,只要地下水位不高,可以选做鲜枣园。

冲积平原是由山洪夹带泥沙沉积而成,其幅员较冲积平原小,常含有大量石砾。距山较远的洪积地带含石量少,土粒较细。山洪危害较少的地带可以选做鲜枣园。

沿海冲积平原是地处河流末端、近海的河流冲积平原,其土壤是沙、泥相间,含盐分较多,且以氯化盐为主,地下水位较高,通过降低地下水位,蓄淡水淋碱盐,可建鲜枣园。著名的山东省沾化冬枣就是在这样的土地上生产出来的。

丘陵山区高度变化不大,交通便利,适宜发展鲜枣。但丘陵山地的地形、土壤、肥力和水分条件变化较大,应根据土壤风化程度和成土年限区别对待,通过工程措施,提高土壤肥力和良好的理化性状,为鲜枣创造适宜的生长环境。丘陵山地建鲜枣园还应避开冷空气下沉的谷地,因为鲜枣虽然耐寒,但萌芽和花期需要较高温度,冷空气下沉的谷地易造成霜冻或花期低温影响授粉和坐果。大风也对鲜枣授粉不利,应避开风口地带。

尽管鲜枣的适应性较强,平原、丘陵山地能生长,但仍以土层深厚、有浇灌条件、排水良好、土壤酸碱度适中且较肥沃的壤土生长最好,树势健壮,寿命长,丰产性强,并能很好地表现出其优良品质特性。据观察,平原在表层为砂壤土、底层为黏质壤土上生产的鲜枣品质较好。重庆市永川市富森林业有限公司基地黄瓜山上的土正是这种优质土,所以枣树生长特别好。

二、搞好南方鲜枣园建设的依据

鲜枣的经济寿命在 100 年以上,所以搞好鲜枣园规划非常重要。规划原则既要最大限度地提高土地利用率,创造有利于鲜枣生长的局部环境,发挥鲜枣的生产潜力,又要充分考虑有利于鲜枣生产、交通运输方便,并要考虑适应未来机械化管理和科技发展的需要。

(一)防护林设置

适宜的防护林可减弱大风、冰雹等灾害天气的危害,降低风速,提高空气温度,有利于鲜枣花期授粉和坐果。有防护林的枣园冬季园内温度可提高 1℃～2℃,夏季温度可降低 1℃～2℃。可使风速降低 10%～40%,空气相对湿度增加 10% 以上,能为鲜枣生长创造良好的局部环境。

防护林的结构、高度不同,其有效防护范围也不同。据研究,防护林的防护范围为树高的 20～30 倍。因此,防护林带的间距可设置为 300～500 米。垂直于主要风向的林带为主林带。根据当地风力大小决定林带的宽度。一般主林带由 5～10 行乔木树种组成,株间栽植灌木;副林带由 3～5 行乔木树种组成,株间栽植灌木。林带株行距 2 米×3 米,"品"字形栽植。林种选择尽量避开主要病虫害与枣树为共同寄主的树种。目前鲜枣园较好的树种组合有速生杨、间种紫穗槐,此组合病虫害相对较少,防护效果较好。为节约土地,可充分利用作业道路、排灌沟渠的两侧设置防护林带。为最大限度地减少林带对鲜枣树的影响,东西行向林带可将林带设置在道路或沟渠的南侧,南北行向林带可将林带设置在道路或沟渠的两侧。靠鲜枣树一侧的林带边缘可挖深 1 米左右的断根沟,防止防护林的树根串入鲜枣园内与鲜枣树争水争肥。林带栽植时间最好先于鲜枣的栽植时间,以便提早发挥防护效益。

(二)建立作业小区

大型鲜枣园为便于管理,规划作业小区是必要的。小区的大小可根据地形、劳力和机械化程度设置,以方便管理为原则,可结合作业道路和排灌渠道的设置划分作业小区。

(三)建筑物设置

为方便管理,鲜枣园要设置作业道路、排灌设施、配药设备、库房、选果场、贮果库房、办公休息室等辅助设施。设置原则要以能满足生产需要、最大限度地节约用地、提高鲜枣园的效益为目的。兼顾当前,着眼未来发展的需要,做好总体设计,达到既能贮存又可深加工,便于运输。

鲜枣的种植密度与结果期的早晚、立地条件及管理水平有关。如立地条件、浇水条件好，有充足的肥源，可以将鲜枣种植密度适当小一点；反之，密度可以适当大一些。要求鲜枣园尽早获得高效益，可将鲜枣种成密植果园或者计划密植果园的种植形式。四川省眉山市土地乡长虹村每 667 平方米密植到 330 株，采用篱架整枝，比过去常规栽植产量翻一番，每 667 平方米效益高达 3 万元。

多数专家的研究认为，枣园覆盖率达到 70%～80%、叶面积系数达到 4～5 才能实现果品的优质高产。栽植密度越大，达到上述指标的年限越短。稀植大冠树要 10 年左右才能达到上述丰产指标，密植园 3～5 年就能实现。密植园能充分发挥枣园前期群体优势，叶面积迅速扩大，同化功能强，营养物质积累多，营养生长向生殖生长转化快，可提前结果并缩短进入丰产期的年限。鲜枣是鲜食品种，只能人工采摘，适宜小冠密植。密植园树体矮小，便于修剪、施肥、浇水、摘果和喷药等果园作业，能减少生产成本，利于鲜枣增效。鲜枣有当年栽植或改接、当年成活、当年开花、当年结果的特点，密植园能充分发挥鲜枣的早实特性，达到早结果、早丰产。只要冬栽，翌年便早发芽多挂果。

目前密植园的栽植密度一般株距 1～2 米，行距 2～3 米。笔者近几年对不同栽植密度的鲜枣园进行调查，发现密度为 1 米×2 米、2 米×2 米的枣园前期产量高。2 米×3 米、1 米×2 米的栽植形式，前 3～5 年鲜枣产量好，树形也容易培养，树体和枣园的群体结构较好，鲜枣产量呈逐年上升趋势。笔者认为，鲜枣目前是市场前景好、效益较高的果树品种，建园后尽快获得较高的产量和效益是栽培者的愿望。为此，栽植密度为 1 米×2 米或 1.5 米×2 米。如管理水平较高也可栽成 0.5 米×2 米的密度，此种植形式为计划密植形式，将枣树培养成永久株和临时株。永久株按计划树形整形,栽后 3～5 年以培养树形为主、结果为辅;临时株栽植成活后,就可以采用各种技术措施抑制营养生长,促进生殖生长,强迫幼树提前结果。通过适时间伐临时株,最后改造成 1 米×2 米、2 米×3 米密度的篱架形鲜枣园,较好地解决了密植果园前期产量上升快、后期果园群体结构郁闭产量下降的问题。也可以通过年年修剪来控制。四川省峨眉山市每 667 平方米栽枣树 666 株,枣果产量高达 2 500 千克。

从实践看,枣园的行向以南北向较好。南北行向树与树之间遮荫少,光照均匀,通风透光好,适宜枣树的生长发育,遇到大风和冰雹等灾害性天气,枣树受害相对较轻。关于正方形枣园与长方形枣园哪个较好的问题,笔者认为南北行向栽植的枣园宜采取行间距大于株距的长方形栽植形式。枣园良好的群体结构必须是行间要有 1～1.5 米的通风透光带。长方形栽植的树冠造型为东西扁形树冠,受光面积大;正方形栽植的树冠造型为南北扁形树冠,较同密度的长方形栽植的受光面积小。长方形栽植的枣园群体结构合理,通风透光好,有利于鲜枣的生长发育,并有利于抑制枣园病虫害发生和蔓延,对提高鲜枣的产量和质量都有好处。

三、南方鲜枣栽植前要整好园地

枣树是经济寿命很长的果树,为给它创造一个好的生长环境,栽植前的整地十分必要。通过整地可以改良土壤质地,改善土壤的理化性状,提高土壤的通透性和良好的保水保肥能力;可以保持水土,有效地防止水土流失,涵养水源;有利于鲜枣树根系生长,提高鲜枣栽植的成活率及整个生育期的生长。荒山、荒地立地条件差,所以鲜枣栽种前的整地更显得必要。结合退耕还林进行鲜枣树栽植,可大大调动农民积极性。

我国南方地区的四川、贵州、重庆和广西等省、直辖市和自治区都有丘陵山地、荒漠和荒滩等,都适宜栽植鲜枣树,但这些园地都需要认真整理。其整地方法不尽相同,下面分别叙述。

(一)开 荒 地

开荒地为未耕种或耕种后的废弃地,除缺水的荒漠外,一般立地条件要略好于丘陵山地。

荒地多高低不平,杂草、灌木丛生,土壤活土层一般在 20 厘米左右,很难满足鲜枣生长的要求,在鲜枣定植前需进行细致整地。如荒地杂草、灌木丛生要彻底清除,然后平整土地。如土地高低相差悬殊,工程量大,可采用分段局部整平的方法,在平整土地的基础上再进行穴状(鱼鳞坑)或带状整地。一般每 667 平方米定植鲜枣密度 300 株左右的可采用穴状整地。方法是在定植点上挖长、宽、深各 0.8～1 米的坑(如土质太差还应增加深度),将上面阳土与下面阴土分开堆放,每株鲜枣用不小于 50 千克的优质腐熟有机肥与阳土拌匀回填坑内,填至距地面 10 厘米处,浇透水踏实,以备种树。土质不好时可进行换土或掺土,沙土掺黏土,黏土压沙土,以改善土壤的理化性状,提高土壤的保水保肥能力。如每 667 平方米超过 300 株可进行带状整地,顺定植行挖沟,将阳土与阴土分开,把有机肥与阳土掺匀,回填沟内,填至距地面 10 厘米后浇透水踏实,以备种树。如需改土,可参照上述部分内容。

（二）丘陵山地

适宜栽植鲜枣的丘陵山地一般是丘陵缓坡地，坡度在25°以下，在有利于水土保持的前提下，可采取穴状和带状整地。穴状是挖长径1米左右、短径0.8米左右、深0.8~1米的半圆形深坑，坑与坑"品"字形设置，坑外缘修筑挡水埝，截留降水，扩大活土层的整地方法。如土层薄、下面岩石多，可采取局部爆破的方法（应在有关部门和专业技术人员指导下进行），进行局部整地。也可采用二次整地技术，根据花岗岩、片麻岩母质干旱时坚硬、湿润时比较疏松的特性，可在春、秋干旱时先挖深20厘米的坑，待雨季坑内母质湿润时再进行二次整地，此法比较省工。丘陵缓坡也可采用修筑水平梯田和沟状梯田的方法。

（三）水平梯田和沟状梯田

可沿山地的等高线进行带状整地，水平阶面水平或倾斜成反坡5°左右。阶面宽随地而异，一般0.5~2米，阶长1~8米，阶外缘修筑土埂以利保持水土。

沟状梯田整地是先将表土和风化疏松的岩层挖出翻到隔坡上，然后对下层岩石实施爆破，将爆破后的疏松母质挖出放在沟上方的坡面上，石块放在下面，要求沟宽2米、沟深1米（以外沿为标准），然后将上方松碎母质及隔坡表土、有机肥一起填入沟内与沟外沿平，如土不够需客土填满，待植树。田面要形成外高内低、略向内倾斜的平面，外沿用石块、土垒土埂。内沿修排水沟，自下而上连接各梯田的排水沟，形成排灌系统。其他整地工作同前。

四、提高南方鲜枣栽植成活率的措施

影响鲜枣栽植成活率的因素很多,如苗木的质量、栽植的时间、栽植的技术、栽后的管理等。为提高鲜枣栽植成活率应做好以下几点。

(一)实现鲜枣的无公害栽培

鲜枣苗一定要选择品种纯正、根系完整、无机械损伤、无检疫对象的新鲜优质壮苗。栽前根系要用水浸根 12 小时使根系吸足水分,并对根系进行修整,剪去干、腐烂及劈裂等不良根系,再用 ABT 生根粉 10~15 毫克/升的溶液浸根 1 小时,然后即可栽植。为提高成活率可将苗木的二次枝剪除,中心主枝延长头在壮芽部分前方截去。

(二)鲜枣的高产栽植技术

在已整好的地块上,根据鲜枣的根系大小再在定植点上挖好树坑,坑的大小以确保根系舒展为标准。然后放入处理好的鲜枣苗,使苗木阳面栽植时仍朝阳面。苗木的株行对齐,使行内、行间成直线,然后填土,边填土、边提苗,使苗木根系在土内舒展,然后踩实,苗木埋土可略高于原苗木土痕(浇水后土面下沉至原土痕为宜)。栽后浇 1 次透水,水渗后覆地膜,以保墒和提高地温,利于根系生长。覆膜面积,每株苗木不少于 1 平方米。如果不覆地膜,可在水渗入后,适时进行锄划保墒。据笔者调查,春天覆地膜耕层地温可提高 2℃~4℃,土壤含水量提高 30%左右,发芽早,当年生长量高。栽后苗木剪口要涂蜡,树体喷石灰乳(石灰乳配制方法:优质生石灰 10 千克,加食盐 200 克,加水胶 100 克,加水 40 升,搅成乳状即可),防止苗木失水和日烧,有利于成活。

(三)鲜枣定植后的管理措施

鲜枣定植成活后,可在夏季高温来临之前撤去地膜。如土壤墒情不好,可进行浇水增加土壤含水量,浇水后要及时进行中耕,除草保墒,促进鲜枣树生长。无浇水条件时可进行多次中耕,减少土壤干旱程度。苗木栽后可喷羧甲基纤维素或高脂膜 100～150 倍液,促其生长,但要注意与中心枣头竞争的枝头,必要时适当抑制,以扶持中心枣头的旺盛长势。生长期要注意病虫害防治,具体方法参照本书的病虫害防治部分。结合喷农药可进行叶面喷肥。生长前期可用 0.2% 尿素液进行叶面喷肥 2～3 次,促进鲜枣的营养生长;生长后期可用 0.2% 磷酸二氢钾溶液进行叶面喷肥,促其结果。对没有成活的鲜枣苗木,翌年要及时补栽,以保持枣园林相对整齐,便于管理。

五、南方栽植鲜枣的最佳时间

鲜枣的栽植时间可分为秋栽和春栽。秋栽从秋季落叶后至土壤封冻前均可进行,但栽植时间越早越好。如无需长途运输苗木,可在 10 月下旬实行带叶栽植(苗木叶片以摘去1/2～2/3 为好),可提高成活率。翌年春季栽植可适当早栽。如不是大面积栽植,在鲜枣芽刚萌动时栽植成活率较高。从理论上分析,鲜枣秋栽应该比翌年春栽成活率高。如秋栽土壤墒情好,翌年根系活动先于地上部分,保证成活的关键是保证苗木不失水。为此可采取下述两种方法:一是实施截干栽植。即苗木栽植后,将其保留两个鲜枣主芽进行截干。二是苗木栽好后,在苗木周围覆地膜，面积不少于1平方米，并用羧甲基纤维素100～150倍液喷布整个树苗，以减轻苗木的失水。

六、南方栽植鲜枣要抓好施肥

因为鲜枣是多年生木本植物，几十年生长在一块地方不移动，每年从土壤里吸收大量养分用于萌芽、长叶、发枝、开花、结果等一系列生长发育过程，致使土壤中可供的营养物质越来越少，如不及时补充，将直接影响树体的生长及结果。补充土壤养分的过程就是施肥。鲜枣从土壤中吸收矿质养分。为保持土壤肥力，就需把植物带走的矿质养分以肥料的形式归还给土壤，否则土壤肥力会逐步下降，影响植物生长。尽管植物生长所需要的营养元素数量不同，但都是同等重要的，不能互相替代，且受土壤中元素含量相对不足的元素制约，只有首先满足不足元素的数量，作物的产量才能提高。例如我国20世纪50～60年代土壤中氮素缺乏，并成为当时作物增产的限制因素，通过推广增施氮肥，使农作物产量得到提高。当重视氮肥的使用后，到70年代土壤中磷元素不足凸显出来，通过推广磷肥使用又使农作物的产量有了较大提高。目前钾元素又成为制约因素，应引起重视。大量的试验表明，在施氮、磷肥的同时增施钾肥，对作物的产量和品质都有较大的提高，鲜枣的施肥也是如此。另据中国农业科学院调查研究表明，目前全国有30％的地块缺硫，缺硫的地块应引起耕作者的重视。应科学地施肥，大力提倡通过对土壤和植物叶片的营养分析了解土壤中各种营养元素分布情况及含量，作为施肥的依据，实施配方施肥和平衡施肥，保障枣的优质高产。如无营养诊断条件可采用试验方法确定，即在一小区内（2～3株树）增施某一元素的肥料,如能取得大幅度增产和改善品质的效果,说明该地块缺乏此种元素,可以此为依据,指导合理施肥。

鲜枣树一年中不同的生育期所需肥料品种数量是不尽相同的,为满足鲜枣树不同时期生长的需要,应及时补肥,以取得良好的结果,错过时机,将引起不良后果。陕西省农业科学院果树研究所试验结果表明,当养分分配中心在开花坐果时,花前追肥量超过一般生产水平时,促进坐果的作用明显,错过此时期再施肥,会加速营养生长,促进生理落果。生产实践中也有由于花期不适当地追肥浇水,加重了落花落果的事例。为此,一定要掌握合理的施肥时期。

鲜枣和其他枣树一样,花芽分化、花蕾形成是从萌芽开始,随着枣吊和叶片的生长而同时进行的,随着开花、授粉、坐果枣树花芽仍继续分化,整个花期可持续1个多月,这决定了鲜枣需肥极为集中的特点。另外,枣树从萌芽、枣叶生长,至枣树叶片具有合成营养功能之前这一时期所需要的营养物质完全依赖于前一年的贮藏营养,所以贮藏营养的多少,在很大程度上决定枣树翌年的花芽分化质量及枣果产量。为满足鲜枣上述的需肥特点,每年施好基肥并在萌芽前、开花前和果实膨大等三个时期的追肥是必要的。

基肥以有机肥为主,属迟效性肥料,秋季9月份在鲜枣采果前施入效果最好。也就是我们常讲的冬肥春用。

鲜枣萌芽前追肥十分重要。在鲜枣萌芽前追肥要以氮肥为主,可将全年应补充氮肥量的$1/2 \sim 2/3$及$1/3$的磷肥混合施入地内,目的是保障萌芽时期所需养分,促进枣头、二次枝、枣吊、叶片生长和花芽分化、花蕾形成。据调查,萌芽前追肥与不追肥的枣树比较,前者较后者枣吊长度平均多$3 \sim 4$节,形成花蕾明显好于后者。这次应施速效性肥,要结合浇水施入,施后松土保湿。

鲜枣花前追肥：枣树花芽分化、开花、授粉、坐果几个时期重叠而又集中，花期也长，此期需要养分也多而集中。如果养分不足将影响到花芽质量、授粉和坐果率，直接影响果实的品质和产量。此次追肥以磷肥为主，适当配合氮肥和钾肥一块混合施入土内。

鲜枣果实膨大期追肥：果实膨大期是鲜枣树全年中需肥的重要时期，目的是促进果实膨大，提高果实品质。养分不足将导致落果，果实品质下降，并影响鲜枣的耐贮性。此次追肥以钾肥为主，配合磷肥。如果叶片表现缺氮，适当加入少量氮肥混合施入土内。

追肥是对基肥施用不足的补充，是在鲜枣生长的关键时期进行。为保障根系的吸收，追肥应采取多点穴施，即在树冠投影内，挖深10厘米的穴将化肥撒入穴内与土混合，并用土埋好，每树挖穴应有10个以上，每穴施肥量不能超过50克，穴越多施肥面积越广，越利于根系吸收。如每穴施肥过量，不仅不能发挥肥效，还能引起烧根，反而伤害了根系，不能不引起重视。

七、南方鲜枣生长发育需要多元素肥料

眼下已经发现鲜枣生长发育需要的营养元素有10多种。碳、氢、氧是植物进行光合作用合成碳水化合物等有机养分的主要元素，一般从空气和水中可以得到，不需补充。但棚室等设施栽培，由于通风不良，造成二氧化碳不足，影响光合作用，需要补充碳素。其余的氮、磷、钾、钙、镁、硫、铁、硼、锌、锰、钼等均是鲜枣生长发育需要的元素，每年应通过施肥给予补充。

为帮助读者了解各种元素在鲜枣生长发育中的重要作用,现介绍如下。

(一)氮 素 肥

是植物细胞组成的最重要的成分,也是生命的物质基础。氮肥可促进鲜枣营养生长,延缓树体衰老,提高光合效能,增进鲜枣的产量和质量。长期缺氮,可导致枣树贮存含氮有机化合物减少,降低氮素营养水平。表现为枣树萌芽晚,开花不整齐,花期延长,落花落果严重,使鲜枣减产。同时还影响鲜枣根系生长,导致地上树体衰弱,抗逆性下降。枣树缺氮初期叶色变浅,随后逐渐变黄脱落,一般不出现坏死。缺绿症状先从老叶开始,后逐步向新叶、幼叶发展。氮素施用过量,则引起果树枝叶徒长,枝条不充实,也影响花芽分化及根系生长,造成落花落果严重,降低鲜枣产量、品质和枣树的抗性及鲜枣的耐贮性。只有适时适量供应氮素,才能保障鲜枣的正常生长。这也正是我们常说的配方施肥。

(二)磷 素 肥

是细胞核的重要组成成分,对碳水化合物的形成、运转和转化起重要作用,能增强枣树的生命力,促进花芽分化、果实发育和种子成熟,增进鲜枣品质,提高枣树的抗逆性。磷素不足,影响分生组织的正常活动,延迟枣树萌芽开花,影响新梢和细根的生长。磷在鲜枣体内可以流动,故缺磷症状首先表现在老叶片上,开始叶片呈暗绿色,后茎和叶脉变成紫色,严重缺磷叶片会出现坏死区。磷素过量会抑制氮、钾、锌的吸收,使枣树因缺素而生长不良。

(三) 钾 素 肥

在鲜枣光合作用中起重要作用,是促进碳水化合物的合成与代谢、运转、贮存、淀粉形成的必要元素,并能活化树体中的多种酶。适量钾素可促进鲜枣果个大和成熟,色泽红,提高果实品质和耐贮性,促进枝条加粗生长,组织充实,提高抗寒、抗旱、耐高温和抗病虫害能力。钾素不足,枣树营养生长不良,影响顶芽发育,出现枯梢;叶片干尖、焦边、叶缘坏死,叶片卷曲,严重时焦枯;果实发育不良,单果重下降,着色不良,含糖量降低,易裂果,影响鲜枣产量和品质。钾元素可在树体内移动,缺钾症状开始表现在老叶片上,随后逐步影响新叶。钾素过量,影响氮、镁、钙的吸收,致使果肉松软,降低耐贮性,枝条不充实。

(四) 钙 素 肥

钙在鲜枣树体内起着平衡生理活性的作用,可减轻土壤中的钾、钠、氮、锰、铝等离子的毒害作用,保证铵态氮的吸收,增强某些酶的活性,促进枣树的生长发育。鲜枣中含有果胶钙,是细胞壁和细胞间层的组成成分,所以细胞的组成离不开钙。缺钙影响氮的代谢和营养物质的运输,影响细胞的形成。枣果中缺钙易产生裂果,易患病害,品质下降,成熟后,细胞膜迅速分解失去作用,导致枣果衰老不耐贮藏,整个植株抗性下降。钙在植物体内移动性差,所以缺钙症状主要表现在枣树嫩叶上,叶尖和边缘坏死,严重时芽也坏死。钙素过多,影响铁、锰、锌、硼在土壤中的溶解,使根系难以吸收,造成枣树的缺素症。钙元素用量不大,但也是不可缺少的,是鲜枣重要的营养元素。

（五）镁 素 肥

镁是叶绿素的主要组成成分，是多种酶的活化物质，可促进蛋白质、脂类等多种物质的合成，增进鲜枣产量和品质。缺镁时叶绿素不能形成，呈现失绿症，枣树生长停滞，严重时叶片出现小面积坏死，引起新梢基部叶片早期脱落，鲜枣营养物质含量下降，影响鲜枣品质和产量。镁可在鲜枣体内移动，缺镁症状主要表现在老叶上，这是与缺铁症状的不同之处。

（六）硫 元 素

硫是构成蛋白质和多种酶的重要成分，参与酶及辅酶的生理活动，影响光合作用、淀粉合成、呼吸作用及脂肪等物质的代谢，能促进根系生长。缺硫开始时叶肉还是绿色，叶脉变黄。以后叶片均匀变黄，严重时叶片基部发生红棕色的坏死焦斑。光合作用减弱，树体各器官的生理活性下降，影响鲜枣产量和质量。

（七）铁 元 素

铁是许多重要酶的组成成分，是保障枣树正常生命活动、维持叶绿体功能所必需的元素。缺铁时不能合成叶绿素，叶片黄化，初期叶脉仍是绿色，严重时全叶黄白并出现褐色坏死斑点，使光合功能减弱。铁在树体内移动性差，缺铁症状主要表现为幼叶上缺绿，特别是雨后缺铁症状更明显。我国土壤含铁较高，一般在正常管理的情况下不会发生缺铁现象，但是在盐碱地铁易被固定，使根系不能吸收，易产生缺铁症。增加土壤有机肥的使用量，改善土壤的理化性状，是解决枣树缺铁症状的有效途径。南方地区大多属酸性红壤土，也要适当补充一定数量的铁。

（八）硼 元 素

硼对枣树体内碳水化合物的运转和生殖器官的发育有重要作用,能促进花粉发芽、花粉管生长和子房发育;能改善氧对根系的供应,增强根系的吸收能力,促进根系发育;能提高鲜枣维生素和糖的含量,增进果品质量。缺硼枣树根、茎、叶的生长点枯萎,叶绿素形成受阻,叶片黄化,早期脱落,花芽分化不良,受精不正常,落花落枣严重,枣肉木栓化,果实畸形或果面呈现干斑,病果味苦,严重影响鲜枣品质。硼过量有毒害作用,影响根系吸收养分,土壤 pH 值超过 7 时,钙质过多的土壤,硼不易被枣树吸收而出现缺硼症。南方地区枣树花期喷硼元素效果好。

（九）锌 元 素

锌是一些酶的组成成分,对枣树体内的酶有活化作用,参与叶绿素、碳水化合物等物质的合成。缺锌影响氮素代谢,枝叶果实停止生长或萎缩,生长素含量低,新梢顶部叶片狭小,枝条纤细,节间短,小叶密集丛生、质厚而脆。沙地、丘陵地及瘠薄的山地枣园易缺锌,与土壤中磷、钾、氮、铜、镍过量及其他元素不平衡有关。广西壮族自治区南宁市三塘镇周克夫枣园中喷用锌元素,效果十分明显,试验证明锌能增加产量。

（十）锰 元 素

锰直接参与植物的光合作用,是叶绿素的组成成分,也是多种酶的活化剂,促进枣树各生理过程正常进行,能提高枣树的抗逆性,对枣果的产量和质量有重要的影响。缺锰将使碳水化合物和蛋白质的合成受阻,叶绿素含量降低,影响枣树的生长发育。因此,也表现叶片失绿。与缺镁失绿不同的是缺锰症状可同时在幼叶和老叶上发生。锰是鲜枣生长中重要的营养元素。

(十一)铜 元 素

铜是某些酶的组成成分,在植物的光合作用中起重要作用,参与硝态氮的还原。缺铜时,阻碍蛋白质的合成,使枣果的品质下降。缺铜最初症状是老叶叶脉间缺绿和坏死,有时呈斑点状坏死。广西壮族自治区桂林市、灌阳县枣区发现凡是施用硫酸铜微肥的枣树生长好。铜也是极重要的营养元素。

(十二)钼 元 素

钼是硝酸还原酶的组成成分,在氮素代谢上有重要作用,参与硝态氮的还原。缺钼时,阻碍蛋白质的合成,使鲜枣果的品质下降。缺钼最初症状是老叶脉间缺绿和坏死,有时呈斑点状坏死。在鲜枣上可通过施叶面肥增加钼的含量。

上述氮、磷、钾在植物的一生中需要量多,需要补给量也多,称为大量元素,也就是我们常说的三要素。钙、镁、硫的需要量少,一般称为中量元素。其余的需要量更少,称为微量元素。枣树在生长发育过程中,不管矿质元素的需求量多少都是不可缺少、十分重要的,是不可替代的。不论缺少哪种元素,都会影响鲜枣的生长发育。

追肥对于基肥而言,是对基肥不足而采取的补充施肥方式。因此,基肥是土壤施肥的基础。土壤施肥的目的除了补充枣树每年从土壤中带走的矿质元素外,重要的是通过施肥提高土壤的肥力,为枣树生长创造一个良好的生态环境。肥力是土壤最根本的特征,是土壤可供矿质营养、保水保肥的能力。而有机肥也是提高土壤肥力最好的、最全面的肥料品种,它不仅能补充枣树所需要的各种矿质元素,而且能增加土壤中腐殖质的含量。腐殖质可使土壤形成大量的团粒结构,一个团粒结构就是枣园一个小的肥水贮藏库,土壤的团粒结构越多,土壤的保水保肥能力越高。腐殖质中的腐殖酸可中和土壤中的碱,变不溶的矿质营养为可溶的矿质营养,有利于枣树根系吸收,又可改善土壤的理化性状,有利于有益微生物的繁殖,提高土壤的供肥能力。所以,有机肥是不可替代的优质肥料。各种有机肥的养分含量见表3。

表3 常用有机肥的养分含量 (%)

名　　称	状　态	氮	磷	钾	有机物
人粪尿	鲜	0.30～0.60	0.27～0.30	0.25～0.27	5～10
牛厩肥	鲜	0.34	0.16	0.40	—
马　粪	鲜	0.40～0.50	0.30～0.35	0.24～0.35	21
羊厩肥	鲜	0.83	0.23	0.67	—
猪厩肥	鲜	0.45	0.19	0.60	—
鸡　粪	鲜	1.03	1.54	0.85	25
鸭　粪	鲜	1.00	1.40	0.62	36

南方地区土壤有机质含量普遍偏低。一般群众认为的好地,土壤有机质的含量仅在1%左右。而发达国家土壤有机质含量多在3%以上。土壤有机质含量低是限制枣果产量和质量的重要因素,发酵而成的富含有机质的优质肥料,含有鲜枣生长所必需的各种营养元素、维生素、生物活性物质及各种有益微生物,是全面生产有机食品最好的天然肥料。生产无公害

优质鲜枣,在施肥上必须以经无害化处理的有机肥为主,尽量减少化肥的施用,不施或少施化肥。目前农村随着机械化程度的提高,农户养牲畜的减少,有机肥源不足是普遍存在的问题。为保证有充足的有机肥源,要大力提倡发展畜牧业,实现农、林、牧互相结合,综合发展,使资源优化配置,合理利用,形成以牧养农、林,以林促农、牧,以农养林、牧的良性循环。为做到物尽其用,帮助农民千方百计增收,应提倡建设生态家园,即通过沼气池的发酵将人、畜粪便转化为沼气,作为做饭、照明的燃料,节省下的柴草供牲畜饲用,剩余的沼液、沼渣是生产无公害枣果的上等有机肥料。要大力提倡建沼气池,既节约能源,又积成好肥料。用沼渣、沼液为枣树施肥可提高鲜枣的产量和品质,减少病虫害及化肥投入,仅此一项每 667 平方米可增收 200～300 元。饲养水牛每年可增收 3 000 元左右,仅此一项每年可增收 3 600 多元。通过沼气池的转化,使资源得到更进一步的利用,环境充分净化,农村生态环境得到改善,促使生态家园建设不断向前发展。广西壮族自治区灌阳大枣主要是施用沼液肥。

鲜枣基肥的使用办法大都采取环状沟施、放射状沟施,与地面撒施结合运用效果更好。2004 年在调查广西壮族自治区灌阳大枣裂果原因时发现,凡是多年施肥连续采用地面撒施的地块,枣的根系大部分集中在 25 厘米左右的土层内,抗旱、耐涝、抗寒的能力减弱,而连年采用深沟施肥的地块,根系大部分集中在 45 厘米左右的土层中,抗旱、耐涝、抗寒的能力好于根系分布浅的枣树,表现为连续多日不降水的情况下,根系分布浅的枣树叶片中午萎蔫的时间远多于根系深的枣树,且果实裂果的趋势也高于根系深的枣树。

鲜枣基肥的环状沟施:是在枣树树冠投影的外围向内挖

深40～50厘米、宽40厘米左右的环状沟,将有机肥与阳土拌匀撒入沟内,上面覆盖挖出的阴土。逐年外扩,直到两树连通时改为放射状沟施。也可采用条状沟施,即前一年在树冠投影的外围向内挖南北向沟,翌年在树冠投影的外围向内挖东西向沟,2年完成一环。其技术要求同环状沟施。此种方法省工,也可用机械挖沟,减轻劳动强度,提高工作效率。广西壮族自治区灌阳枣区就试用过小型拖拉机在枣园中松土施肥,可大量节约劳动力,而且效果也好。

鲜枣基肥的放射状沟施:在枣树盘内以树干为中心距树干30厘米左右处向四周挖4条放射状沟,沟由浅入深至树冠投影处沟深40～60厘米、沟宽40厘米左右。施肥方法大致同环状沟施。翌年在前一年施肥沟一侧继续挖沟施肥,直至互相连通后,再采用地面撒施。广西壮族自治区南宁市西乡塘双定镇蚁马村种植富森1号大枣用这种方法施肥效果极好。

鲜枣基肥的地面撒施:将有机肥撒在树盘表面,然后深翻20厘米左右,将肥翻入土层内,可使用1～2年后再采用沟施。

上述3种方法交替使用,达到深翻和施肥的共同目的,土壤的活土层不断得到扩大,土壤的理化性状和肥力均得到提高和改善,使根系各个部分均衡生长,扩大了吸收面积,有利于枣树生长发育。采用沟施方法应注意保护根系,避免伤害1厘米以上的粗根,因粗根分生能力远不如细根、毛根,过多伤害粗根对根系生长不利,也会影响到翌年结果。广西壮族自治区灌阳枣区在枣行间种植中药材,不但增加了收入,也提高了土壤肥力,起到了松土作用。每667平方米药材产量达到2 000千克,实现了双丰收。

施肥多少的确定应根据树龄、树势、结果状况和土壤原有的肥力等多种因素综合考虑。一般结枣多的树、老树、弱树、病树和土壤肥力低的树适当多施,有利于复壮树势,维持较高的产量;反之,旺树、结果少的树可适当减少施用量,通过修剪缓和树势促进结果,达到经济施肥的目的。一般生产中常用的施肥量,是通过调查、分析枣树丰产园施肥情况,结合树体生长结枣的表现确定的。据多数研究者共识,每生产100千克鲜枣应施纯氮1.5千克、纯磷1千克、纯钾1.3千克。按照目标产量和以上比例确定施肥量,并考虑每种肥料的利用率,确定每年的施肥总量。生产无公害果品的施肥要求应以有机肥为主,且追施化肥量与有机肥的矿质元素之比应为1∶1。以氮肥为例,一般的腐熟有机肥含氮为0.5%,如果每667平方米施腐熟有机肥1000千克,折合氮为5千克。追施氮肥达到5千克,相当于追施尿素10.87千克。如再增加合成氮肥的施用量,必须再增加腐熟有机肥的施用量。生产上一般要求每生产100千克鲜枣,至少要施入150～200千克的腐熟有机肥,不足部分再通过追施化肥予以补充。如每667平方米产鲜枣1500千克,需施用有机肥3000千克、尿素40千克、磷酸二铵40千克、硫酸钾35千克,再通过根外追肥予以补充,基本可以满足鲜枣生长结果的需要。确定鲜枣的施肥量是涉及多种因素的复杂问题,难以做到准确无误。上述提供的施肥量只能作为参考,应根据不同的土壤、树势的强弱等因素综合考虑、灵活掌握。

八、南方鲜枣的生物菌肥施用

生物菌肥是近几年发展起来的新型肥料。利用生物发酵技术生产的有益生物活态菌制剂,充分利用有益菌群分泌的生物活性物质分解土壤中不能被植物根系吸收的矿物质，成为能被植物根系吸收利用的矿质营养；调节土壤的酸碱度，增加土壤有机质，促进根系生长；改善土壤生态环境，并能抑制土壤中杂菌及病原菌对枣树根系的危害。这是一种不用能源、充分利用土壤中的矿质资源、对环境无害的新型肥料，是生产无公害枣的理想肥料，有广阔的发展前景。生物菌肥最好与有机肥混合一起施用，既有利于有益菌群的加速繁殖，也可加速有机肥的分解，效果更好。目前市场上有固氮菌肥、磷细菌肥、硅酸盐细菌肥料等。复合微生物肥料是上述 3 种菌肥的混合体。经过对比试验，河北省的裕丰冀安牌生物肥对鲜枣的增产效果最好，其次是云南省的容大丰牌生态肥也能促使鲜枣高产。

九、南方鲜枣的根外追肥

　　根外追肥也叫叶面施肥。是将某些可溶化的肥料稀释后喷到叶片和枝干上，利用叶片的气孔和角质层吸收营养元素而进行的一种追肥方法。叶面施肥吸收快、发挥肥效快，在 1～2 小时内即可吸收，3 天即可发挥肥效。一般在鲜枣坐果以前喷施氮肥为主，坐果以后喷施磷肥和钾肥为主，在整个生育期内可适当喷施微肥。根外施肥作为基肥和追肥的补充，保证鲜枣树在整个发育期养分供应不间断，应推广使用。尽管根外施肥是一种肥效快、肥料利用率高、使用方法简便的施肥方法，但必须与其他施肥方法配合使用，优势互补，效果才会更好。根外施肥绝不能代替追肥和基肥的施用。根外追肥最好在傍晚进行，水分蒸发慢，便于叶片吸收，且不易发生肥害。适宜于叶片喷施的化肥品种及浓度见表 4。

表4 适宜于叶片喷施的化肥品种及浓度

肥料种类	主要营养成分	平均含量(%)	利用率(%)	备 注
硫酸铵	氮	20.5～21.5	30.3～42.7	
尿 素	氮	46	30～35	50升水，0.75千克尿素
氯化铵	氮	26	—	盐碱地不宜
速效硼	硼	—	—	
磷酸二氢钾	磷	14～20	—	
亚联生物肥	—	—	—	按说明书使用
氯化钾	钾	52.4～56.9	—	
硫酸钾	钾	45～52	—	

我国南方多数地区采用磷酸二氢钾、速效硼、亚联生物肥等肥料给鲜枣根外追肥。而浙江省台州地区采用叶面施肥的方法，鲜枣的增产效果十分显著。现已用它代替枣树开甲，受到枣农的欢迎。

十、南方鲜枣的浇水

水是一切生物赖以生存的必要条件，是细胞的主要成分。一切生命活动都离不开水。如树干含水量在50%左右，果实的含水量在30%～90%。树木的光合作用、蒸腾、物质的合成、代谢、物质运输均离不开水的参与。水能调节树温，免受强烈阳光照射。水能调节环境的温度、湿度，有利于枣树生长。正确浇水是枣树生育所必须的措施。不合理的浇水则使土地侵蚀、土壤结构恶化，营养物质流失，土壤盐渍化，影响果树生长。鲜枣和其他果树一样，整个生育期中生长最旺盛的时期也是需水需肥最多、最关键的时期。我国北方降水量少,且分布不均,50%～70%的降水量集中在夏季,秋季、冬季、春季降水量很少,特别是春季多风、气候干燥,正值鲜枣发芽、开花、坐果的关键时期,对其生长极为不利。为保证鲜枣的正常生长,必须在萌芽前、开花前、幼果期、果实膨大期及冬前浇好 3～5 次水。浇水应视天气而定,如降水满足了此期的需水量就可以不浇,如降水过多还要进行适当排水。为保证施肥后尽快发挥肥效,施肥后要马上浇水,并做好锄划保墒工作。

目前多数枣园仍用树盘大水漫灌的方式进行浇水,这种浇水方式不仅浪费了宝贵的水资源,而且对枣树生长不利。因为大水漫灌后土壤泥泞,土壤结构被破坏,孔隙度降低,土壤中的空气大量被水挤跑,不利于土壤中微生物活动,不利于根系的呼吸与生长;中期随着土壤水分减少,土壤结构得到恢复,适宜根系的呼吸与生长,有利于根系吸收养分;后期土壤干旱又不利于根系对养分吸收与生长。我国是水资源贫乏的国家,特别是北方更缺水,水资源已成为制约工农业发展的限制因素。为此,应改变枣园大水漫灌这种既不利于枣树生长,又极大浪费水资源的落后灌溉方式,大力提倡灌溉效果好、又节约水资源的滴灌、渗灌、喷灌等先进的灌溉方式。

（一）滴　灌

滴灌是近年来发展起来的机械化与自动化的先进灌溉技术,由电脑或人工控制浇水,通过主管道、支管道、毛细管然后到达树盘,由滴头以滴水的形式缓慢地滴入根系周围,以浸润的方式补充土壤水分。滴灌节约用水,是普通浇水量的 1/4。节约劳力,能与追肥结合起来进行。滴灌能经常稳定地对作物根际土壤供水,均匀地保持土壤湿润,土壤通气良好,有利于根系生长和养分吸收,可促进枣果产量和质量的提高。据华北农业机械化学院滴灌组实验调查,滴灌的枣树,根群支根多,1个根群支根多达93条,须根长达70厘米;而畦灌的枣树根群支根少,最多的才10条,且须根短,仅37厘米。枣产量和单枣重滴灌比畦灌高1倍,滴灌的时间次数及用水量,因气候、土壤、树龄而异,以达到根系浸润为目的。成年树每株每天约需120多立方分米水,每株树下安装3个滴头,以每小时每滴头灌水3.8立方分米计算,则每天需滴灌12小时。不足之处是滴灌不便于作物的地下管理(如深翻施肥),设备投资大,一家一户枣园难以实现,滴头容易堵塞等。

(二)渗 灌

也称微灌,是在滴灌的基础上发展起来的一种浇水技术。渗灌是在树盘安装渗水装置,水流较滴灌大,每小时出水60~80立方分米,解决了滴灌滴头堵塞的弊病,优于滴灌和喷灌。

(三)喷 灌

是通过机械压力,经过管道与喷头将水喷洒在枣园内。优点是节水、省工,可与喷药、叶面喷肥相结合,土地不平的枣园也适用,能调节枣园的小气候,提高枣园湿度,有利于鲜枣花期坐果。缺点是投资大,喷灌受风的制约,一般四级风就影响喷灌效果。由于枣园湿度大,易诱发病害。

(四)沟 灌

滴灌、渗灌、喷灌由于投资大,目前我国大部分枣园尚未实施。现常采用的是沟灌。沟灌可在树冠外围挖浇水沟,沟宽

30 厘米左右、深 30～40 厘米，以不伤粗根为宜。浇水后沟内覆草保墒。沟灌是通过渗透方式达到浇水目的，较畦灌省水，能保持土壤良好的结构和理化性状，有利于根系的生长和吸收养分，有利于枣树生长发育。

十一、南方鲜枣园的土壤管理

目前生产上常见的枣园土壤管理主要有以下五种。

(一)清耕法(耕后休闲法)

清耕法一般在秋季深翻枣园，春、夏季多次中耕，清除杂草，使土壤疏松通气，利于微生物繁殖活动，加速有机质分解，提高土壤养分和水分含量，有利于鲜枣生长。但必须与增施有机肥相结合，否则会逐年降低土壤有机质含量，并使土壤结构遭到破坏，影响鲜枣生长。

(二)生 草 法

在有浇水条件的地方可实施生草法。播种各种牧草及豆科作物后可减少土壤的中耕除草，管理省工，减少土壤水分流失，增加土壤有机质，改善土壤理化性状，保持良好的团粒结构，有利于蓄水保墒。雨季，草类可吸收土壤中过多水分，使土壤水分含量适中，防止枣树徒长，促进枣果成熟，提高枣果品质。适宜枣园种植的草种有三叶草、草木犀、黄豆、绿豆、黑麦草等。多年生草可一年割草数次，覆盖到枣园株、行间。一年生草可在产草量最大、有机质含量最高时就地翻压。为提高产草量，充分发挥生草作用，应在萌芽前、幼草速生期等关键时期追施氮、磷、钾等化肥和适时浇水，解决树与草互相争肥争水的矛盾。生草如能与养牛养羊等养殖业结合起来,通过过腹还田或沼气池发酵,对提高枣园的综合效益更好。

(三)清耕生草法

缺少灌溉条件的枣园,为避免草与树争水争肥,在春季干旱季节可实施清耕。在雨季来临之前播种绿豆、田菁等绿肥作物,充分利用雨季光、热、水资源,当绿肥作物开花时进行翻压。此法综合了清耕法和生草法各自优点,又解决了生草法春季与枣树争水的矛盾,值得提倡。

(四)覆 草 法

灌溉困难的枣园可在株、行间覆盖杂草、秸秆等,覆草厚度15～20厘米,覆草后在草上面覆一层土,防止火灾。距树干周围20厘米范围内不覆草,防止根茎腐烂。覆草腐烂后再铺新草。覆草可抑制杂草生长,减少土壤水分蒸发,保持水土,增加土壤肥力,抑制土壤返碱,缩小地温的季节和昼夜变化幅度,有利根系生长。据山东省果树研究所姚胜蕊研究,枣园覆草可显著提高酶的活性。5月份使0～5厘米土壤中转化酶活性提高72.29%,5～20厘米土壤中转化酶活性提高46.03%。土壤转化酶活性的提高,加快了养分转化,土壤有机质和氮、磷、钾、钙、镁的含量均有增加。覆草3年后枣园土壤含水量比对照高48.13%,地温变化幅度减小。不覆草时10厘米地温昼夜温差为7℃～8℃,覆草后昼夜地温变化不超过2℃,为根系生长创造了稳定环境。覆草能增加土壤孔隙度,增大土壤通气性,有利于根系生长。缺点是可引起枣树根系上浮,如能和秋季深翻施肥结合起来,引根向纵深生长,效果更好。

（五）间 作 法

枣菜、枣瓜、枣药间作是我国劳动人民创造的一种林农结合，充分利用土地、光、热、水、气资源的高效立体种植模式，不失为鲜枣无公害高效栽培的模式之一。笔者见到，凡是间作中药的枣园春季金龟子为害轻，中药收获后枣树上的瓢虫数量剧增，可控制害虫的蔓延。

1. 枣菜间作　间作蔬菜，丰富人们的菜篮子，目前效益比种粮高。但要注意不宜种植收获期晚的秋菜，如萝卜、白菜、胡萝卜、韭菜等。山东省胶州地区春、夏季在枣园种大白菜最好。

2. 枣瓜间作　间作瓜类，比间作粮食效益高，有利于土壤肥力的提高。

3. 枣药间作　间作中草药，特别是耐阴品种，不仅能收到较高的经济效益，有的品种还有抑制病虫害发生的作用。

十二、南方山区丘陵怎样种鲜枣

我国人均耕地少，要在世界人均耕地 1/5 的耕地上养活世界 1/4 的人口。粮食生产是我国农业的永恒主题，稳定粮食生产是社会稳定、国家富强的保障。2004 年我国政府已规定今后一律不准在基本农田栽种果树，上山下滩是我国发展果树的方向，这就决定了我们的大部分果园立地条件差、缺少水源，故旱地果园水分综合利用是生产上需要解决的课题。我们综合现有技术成果和生产经验提出利用自然降水，实现雨水养枣园，获得枣果优质丰产的效果，其技术要点介绍如下，供读者参考，并希望在生产中不断地完善。

(一)提高土壤蓄水能力，
稳定供应枣树生长需水

土壤蓄水能力大小与土壤中团粒结构有关，一个团粒结构就是一个小水库，土壤中的团粒结构是土壤有机质形成的，土壤有机质越多，形成的团粒结构越多，土壤的保水能力就越强。增施有机肥可以增加土壤中的有机质，增加土壤的团粒结构。因此，每年通过深翻增施有机肥，改善土壤结构，增加土壤的含水量。据北京林业大学王斌瑞试验，每一株树穴中施入厩肥 10 千克，可以使土壤团粒结构含量提高 9%～29%，春季的土壤含水量提高 15.6%～28.9%。

(二)深翻扩穴，充分利用土壤深层水

俗话说"根深叶茂"。树根扎得越深，抗旱抗寒能力越强，吸收营养的面积越广，有利于树木的生长。据报道，每 667 平方米的 2 米厚土层蓄水量可达 450 立方米，有效水可达 300 立方米。可见结合每年施基肥进行深翻扩穴(穴深 1 米左右)，不仅可为根系创造一个疏松肥沃的土壤环境，而且可以引根向下，使树根向纵深发展，充分利用深层土壤的水肥资源。

(三)增施土壤保水剂，
提高土壤保水能力

随着科学技术的进步，高分子化合物的抗旱保水剂相继问世，目前用于生产的保水剂一般蓄存水的重量是本身自重的 300～1 000 倍，结合深翻扩穴施用有机肥的同时，每株成龄树施 100 克的保水剂，就可增加土壤蓄水 30 升左右。

（四）扩大容水面积，增加蓄水量

南方旱地枣园需水主要靠自然降水。植株栽植密度要稀，可以增加集水面积。以株行距 3 米×5 米为例，每株树的集水面积可达 15 平方米。如果树冠的投影面积是 8～10 平方米，这样就可以做到积小雨为中雨，满足鲜枣生长的需要。为此要扩大树盘，地面向树干倾斜，扩大集水面积，防止水土流失。

（五）精细修剪达到合理树形，减少水分消耗

对鲜枣树地上部分要做好冬、夏季修剪工作，疏除无效枝叶，适量地坐果，减少营养和水分的无效消耗，使有限的营养和水分发挥最大的生产效能。

十三、南方鲜枣栽后狠抓田间管理

（一）鲜枣栽后要抓精细管理

栽后管理直接影响鲜枣的成活率和结枣的早晚。鲜枣成活和苗木质量与栽植技术有关，栽后管理主要是解决根系尚无吸水功能而地上部分又需水分的矛盾。解决办法：一是栽后苗木周围要覆盖 1 平方米的地膜，保持土壤水分，保障根系不失水，提高地温，促使根系生长吸收根；二是在为苗木覆地膜的同时，用羧甲基纤维素 150 倍液喷树苗或用塑料薄膜套将树干整个套起来，目的是保持苗木不失水；三是苗木萌芽后新枣头长到 10 厘米时，要适时浇水，保证鲜枣苗生长用水。通过上述管理，除个别苗木因质量和栽植技术的问题影响成活外，

成活率可达 98% 以上。鲜枣园因苗木质量不佳和栽培技术不过关，栽后会出现假死现象，即"迷芽"。笔者试验，对发芽晚的鲜枣苗喷 20 毫克/升的九二〇溶液有促进萌芽的作用。鲜枣萌芽后在整个生长期要追肥、中耕除草。第一次要在 2 月份追肥，以氮肥为主；第二次在 3 月份追肥，应以磷、钾肥为主。追肥可在苗木周围 30 厘米处挖沟，每株施肥 100 克左右，然后覆土。施肥后浇水，适时中耕除草，并注意枣锈病及食叶害虫的防治。通过上述管理，当年新生枣头长势粗壮，长度可达 50 厘米以上，为鲜枣早果、早丰打下基础。

（二）鲜枣修剪要抓关键技术

鲜枣修剪是枣树管理的重要组成部分。修剪分为冬剪和夏剪。落叶后至萌芽前的修剪称为冬剪，生长季节的修剪称为夏剪。修剪的主要作用是平衡树势，调节营养生长与生殖生长的关系，调节膛内各类枝条的长势和养分分配，改善树冠内通风透光条件，促使树势健壮，结果适量，延长鲜枣的经济寿命，获得较高的经济效益。鲜枣修剪是依据芽的异质性、顶端优势、垂直优势及树冠层性，运用不同的修剪技术达到平衡树势、调节各部分生长关系的目的。顶端优势是指活跃的顶端分生组织会抑制其下部芽子的发育，保持顶端芽的生长优势，主要表现在枝条上部的芽能萌发抽生强枝，下部的芽萌生抽枝能力逐渐减弱。垂直优势是枝条与芽的着生位置不同，生长势不同。直立枝条生长势强于斜生枝条，斜生枝条生长势又强于水平枝条，水平枝条生长势又强于下垂枝条。而同一枝条上弯曲部位背上的芽子长势超过顶端芽。这种枝条和芽子所处的位置不同而出现的强弱变化称为垂直优势。芽的异质性是由于芽子生长的时间不同、生长位置不同，芽的质量不同，萌发枝条的能力有差异。芽子质量好,处在顶端位置能萌生强枝;芽子质量差,处在非顶端位置,萌生枝条弱。生长位置相同,芽子质量好萌生的枝条强于芽子质量差萌生的枝条,这种差异称为芽的异质性。树冠层性是顶端优势和芽的异质性共同作用的结果,表现为中心枝中上部的芽萌发枝条角度小且壮,中下部芽萌生的枝条角度大且长势弱,基部的芽不萌发枝条,每年循环往复,形成层形。树冠的层性是树木适应自然环境,增强冠内光照的自我调节表现。

1. 鲜枣修剪技术　修剪方法有短截(双截)、回缩、疏剪、目伤、环割、开甲(环剥)、摘心、扭枝、缓枝、拉枝等。具体做法如下。

(1)短截(双截)　截去一年生枣头或二次枝的一部分,叫短截。作用是集中养分,改善膛内光照,刺激生长或抑制生长。短截可分为轻短截、中短截、重短截。双截是将枣头上的二次枝上方截去枣头,或将二次枝从基部疏去。作用是刺激主芽萌发新枣头,扩大树冠或培养结果基枝。

(2)回缩　截去二年生以上枝条的一部分叫回缩。作用是集中养分,改善膛内光照,促进生长,一般用于复壮和更新枝条。

(3)疏剪　疏去膛内枣头、二次枝、枣股,叫疏剪。作用是调整膛内枝条结构,集中养分,改善通风透光条件,平衡树势,促健壮生长。疏剪的部位和剪去的枝条大小强弱不同,其作用也不同。疏去大枝对母枝有减弱长势的作用,疏去竞争枝有促进其他枝生长的作用。

(4)环割　在非骨干枝上用刀环割 2~3 圈,环与环间有一定距离,称为环割。作用是暂时割断该枝的韧皮部输导组织,阻隔养分回流,提高环割部位以上营养物质积累,促进花芽形成,提高坐果率,是密植高效鲜枣园提前结果、充分利用非骨干枝增加鲜枣前期产量的重要技术措施。

（5）开甲　在枣树主干上进行环状剥皮称为枣树开甲。作用是暂时割断树干皮层输导组织,阻断甲口以上部位养分回流,集中营养,促进花芽形成、坐果、果实生长等。枣树花期开甲是提高坐果率的重要手段。开甲的时间不同,其作用不同。如在枣树萌芽期开甲,有促进花芽分化和形成的作用;在枣树花期开甲,有提高坐果率的作用;在果实幼果期或膨大期开甲,有促进枣果生长,增加单枣重和枣果提前着色、成熟的作用。鲜枣的花芽分化和形成不成问题,但坐果率很低,故一般只在花期开甲。

（6）摘心　剪去新生枣头的部分嫩梢叫摘心。其作用有二:一是抑制枣头生长,减少养分消耗,减少落花落果,提高坐果率;二是培养结果基枝。

（7）扭枝　对暂时有保留价值的膛内非骨干枝、影响骨干枝生长及膛内光照的枣头或二次枝,用手持枝条慢慢弯曲扭转,改变其生长角度和方向的作业称扭枝或拿枝软化。对半木质化的枣头改变生长角度和方向的作业称扭梢。作用是破坏枝条输导组织,改变生长方向和角度,缓和生长势,改善膛内光照条件,使之有利于结枣。

（8）拉枝　根据树冠各类枝条构成角度的不同要求,用绳索将枝条拉成适宜角度后固定,称为拉枝。作用是改变不同枝条的生长角度,平衡各类枝条的长势,构建良好的树体结构,改善膛内光照条件。

（9）抹芽与除萌　及时抹去各级枝上萌生的无用芽及嫩枝称抹芽和除萌。作用是减少养分消耗,利于树体发育与结枣。鲜枣砧木易萌发根蘖,对不留做育苗用的根蘖应及早刨除。

2. 鲜枣修剪技术的综合运用　枣树是有生命的统一有机体,根系与树冠、冠内的各类枝条间、芽与芽之间均有相关性。如根系衰弱必然引起地上部生长不良,一个枝条旺长必然引起附近枝条减势生长。鲜枣有幼树生长旺盛,枝条单轴延伸,成枝力强的特点。因此,在修剪时必须考虑鲜枣树的生长特性和整体性及与周围鲜枣树的关系,综合运用适当的修剪技术,达到修剪的目的,取得良好的结果。所以,修剪技术的综合运用非常重要。

(1)**调节生长势**　加强树体的生长势,要重冬剪轻夏剪,骨干枝延长枝头要剪留壮枝壮芽,去弱枝留强枝,抬高枝头角度,多留少疏辅养枝,促进营养生长。减弱枝条的长势要用弱枝弱芽带头,去强枝,去直立枝留平斜枝,压低枝头角度,适当多疏枝,并运用扭枝、拉枝等修剪技术减弱其生长势,促进生殖生长。缓和整体生长势,要冬、夏剪并重,疏剪、缓剪、拉枝、扭枝、开甲等技术综合运用才能达到目的。需要旺盛生长的部位应采取增强长势的修剪技术,需要减弱生长势的部位应采取减弱长势的修剪技术,保证整个树体每年既有一定量的营养生长,又有适量的生殖生长。

(2)**调整枝条角度**　其目的是平衡树势,可采用拉枝、扭枝、短截、疏枝等修剪技术。如需要减弱一大枝的长势可行拉枝,加大其生长角度或疏除该枝条上直立生长的枝条。如需要增强一骨干枝的长势,可在该枝延长枝头留壮芽短截或疏去原枝头平斜枝,保留角度较直立的延长枝头,抬高枝头的角度,复壮该枝长势。

(3)**调节枝梢密度**　尽量保留利用已长出的枝条,采用短截、摘心、芽上目伤等修剪技术,可增加树冠内枝条密度。采用疏枝、缓枝、拉枝加大分枝角度等修剪技术,可以减少树冠内枝条密度。

（4）促进花芽分化,保花保果　运用环割、开甲、枣头摘心、拉枝、扭枝等修剪技术可以促进花芽分化,提高坐果率,减少落花落果。

（5）培养结果基枝　鲜枣树冠内分布大小不等的结果基枝,对保证鲜枣丰产、稳产、延长经济寿命非常重要,从幼树开始就要注意培养。要根据枝位的空间大小,决定结果基枝的大小。空间大的培养大型结果基枝,空间小的培养小型结果基枝,没有空间的枝条从基部疏除。培养小结果基枝可采用先缓枝、后短截,结合扭枝等修剪技术进行;培养大结果基枝可采用先双截、后缓枝的修剪技术。如一个枣头有较大生长空间,可培养一较大结果基枝,冬剪时可在枣头的 $1/2\sim2/3$ 处有二次枝的壮芽处进行双截,再用主芽长成新枣头,然后再采取缓枝、拉枝技术,即可培养出大型结果基枝。

总之,运用上述多种修剪技术,以求调节鲜枣树长势、平衡树势、培养结果基枝、促进花芽分化和提高坐果率等目的的实现,必须是在肥水、病虫害防治等其他管理技术到位的条件下进行,才能达到预期的目的。

营养生长可以简单地理解为构建树体枝干、叶片及根系的生长。生殖生长是花芽分化、开花、结果,果实及种子的生长。在树木的整个生命周期中,幼树期又称童期,主要是营养生长;初果期,是以营养生长为主,生殖生长处于次要地位;盛果期,是以生殖生长为主,营养生长为辅,衰老期生殖生长和营养生长都严重衰退。不同时期,树体养分分配去向不同,决定营养生长和生殖生长的转换,修剪技术是调节树体养分分配的重要手段,通过修剪可以调控营养生长和生殖生长的转换。如一个直立枝条,营养生长旺盛,在夏剪时通过扭枝改变生长方向,使其水平或下垂生长,该枝就会由营养生长转向生殖生长,生长势缓和,很快变成结果枝结果。再如一个结果枝本来是以生殖生长为主,如果冬剪时回缩修剪,可以促生新的枣头,此时该结果枝的营养生长得到加强。

十四、南方鲜枣所采用的树形

鲜枣是鲜食品种,具有酥脆的特点,只能用手工采摘,树高应控制在 2.5 米以内。因此,树形多以中小冠形为主。目前枣区多采用开心形、延迟开心形、自由纺锤形和扇形。

（一）开 心 形

也称多主枝自然开心形。由树干、主枝、结果基枝组成骨干枝(由枣头、二次枝构成的结果枝组称结果基枝)。树干高70 厘米左右(枣粮间作栽植形式的干高 120 厘米左右),树高2.5 米左右,冠径 2.5～3 米。全树留 4～5 个主枝,主枝着生在中心干上,每个主枝间距 15 厘米左右,与树干夹角 60°左右,各个主枝均匀向四周延伸,每主枝上着生 2～3 个大型结果基枝。该树形顺应枣树生长习性,整形容易,修剪量小,成型快,前期产量较高,进入盛果期应及时清除中心枝,成开心形,解决冠内光照不足的问题。

整形方法:鲜枣定植后,加强管理促进快速生长,在鲜枣树干直径达到 2 厘米左右时,春季萌芽前,在鲜枣树高 1 米处留壮芽进行双截,剪除以下 4～5 个二次枝促发枣头,在肥水管理较好的条件下,当年可萌发出 4～5 个粗壮的新枣头,翌年春季冬剪时选留剪口下第一枝作为中心枝的延长枝头,让其继续生长,在下面的枣头中选 2～3 个角度和间距适宜的枝作为主枝,其余枣头作为辅养枝处理。辅养枝的角度要大于主枝,生长势要弱于主枝。2 年后当枣树中心枝的延长枝头直径达到 2 厘米左右时,在距下面主枝 30～40 厘米处进行双截,疏去剪口下的二次枝,在当年萌生的新枣头中继续选留中心枝延长枝头和选两个角度和间距适宜的枣头作为第四、第五主枝。当选留的主枝直径达到 2 厘米左右时,在距中心干 80 厘米左右处进行双截,剪去距中心干 60～80 厘米的二次枝,主枝两侧要各有 1 个主芽。在精细管理的条件下,当年可萌生 2～3 个新枣头,可作为主枝的延长枝头和主枝两侧的结果基枝,其他的枣头在不影响主枝生长和膛内光照的条件下,培养成大小不等的结果基枝。此时整形工作基本完成,当中心枝影响冠内光照时,在最后一个主枝上面留 1 个辅养枝,剪去中心枝,使之成为开心树形(图 5)。

(二)延迟开心形

延迟开心形也称疏散分层形或小冠疏层形、双层疏散形。由树干、中心主枝、主枝、结果基枝组成。树干高 70 厘米左右(枣粮间作 120 厘米左右),树高 2.5～3 米,全树留 5 个主枝分为两层,着生在中心主枝上。主枝间距 15～20 厘米,与中心主枝夹角 70°左右,基部三主枝间水平夹角 120°左右,第四、第五主枝与中心主枝夹角 60°左右,与第三主枝交错生长,第三与第四主枝的层间距 1 米左右。结果基枝着生在中心主枝和其他主枝上,其夹角要大于同级主枝,生长势要弱于同级主枝。

整形方法:当鲜枣树干直径达到 2 厘米时,在树高 1 米处选壮芽双截定干,疏去剪口下 4～5 个二次枝促发枣头,翌年

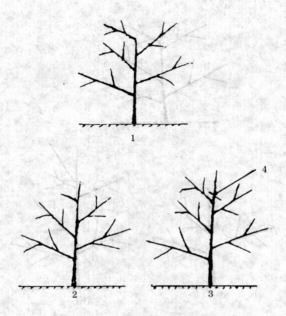

图 5　开心形树形示意图

1. 开心形树形　2. 定干第一年树形　3. 落头时树形　4. 落头处

春季冬剪时，选留剪口下第一个枣头作为中心主枝延长枝头，其余枣头选留 3 个生长方向、间距与中心主枝夹角适宜的作为第一层主枝。当中心主枝距第三主枝 120 厘米处直径达到 2 厘米时，选壮芽双截，剪口下疏去 2～3 个二次枝，促发枣头，选剪口下第一个枣头作为中心主枝的延长枝头，其余的枣头选留方向、角度和间距适宜的 2 个作为第四、第五主枝。结果基枝的选留参照开心形整形的有关部分。当第四、第五主枝上结果基枝配置完成后，可在第五主枝上方对面留 1 个辅养枝，剪去中心主枝的延长枝，成为开心形，此时延迟开心形的整形工作全部完成（图 6）。

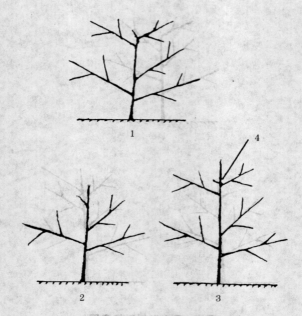

图6　延迟开心形树形示意图

1. 延迟开心形树形　2. 定干第一年树形　3. 落头时树形　4. 落头处

（三）自由纺锤形

　　自由纺锤形由树干、中心主枝、主枝、结果基枝组成。树干高70厘米左右，全树留8～12个主枝。主枝着生在中心主枝上，结果基枝着生在中心主枝或其他主枝上，各主枝间距15～20厘米，主枝与中心枝夹角（基角）70°～80°，上部主枝夹角要小于下部主枝夹角，保持各主枝均衡生长。相邻两主枝水平夹角在120°以上，各主枝交错着生，两重叠的主枝间距要在1米左右，结果基枝的角度要大于同级主枝的角度，生长势要弱于同级主枝，结果基枝大小根据树冠内空间而定。树高控制在

2.5 米左右,整个树冠呈纺锤形。

整形方法:鲜枣定植后,当主干直径达到 2 厘米左右时,春季冬剪,在树高 1 米处选壮芽进行双截定干。新发枣头作为中心主枝的延长枝,自 70 厘米到剪口芽的整形带内选 2～3 个方位、角度和间距适宜,生长粗壮的二次枝留 1～2 个枣股进行短截,促发健壮新枣头作为主枝。翌年春季冬剪时,当中心主枝粗达到 1.5 厘米左右时(如达不到可再缓 1 年),在距最后一个主枝的 40 厘米左右处选壮芽进行双截,新生枣头继续做延长枝头,下面选 2～3 个方位、角度和间距适宜,生长粗壮的二次枝留 1～2 个枣股进行短截,促发健壮新枣头作为主枝,第三、第四年重复第二年选留中心主枝和主枝的工作,直到完成整形为止。培养成的结果基枝或结果枝组无生长空间的从基部疏除(图 7)。

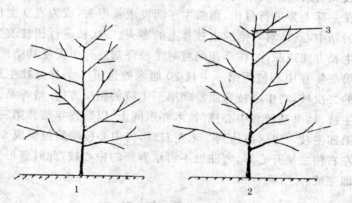

图 7　自由纺锤形树形示意图
1. 自由纺锤形树形　2. 落头时树形　3. 落头处

(四)扇　形

扇形整形结果早,适用于密植枣园或是计划密植枣园的临时株整形。由树干、中心枝、主枝、结果基枝组成。树干高 70 厘米,全树由 5～8 个主枝组成,主枝着生在树干上,结果基枝着生在主枝上。各主枝间距 20～25 厘米,主枝与树干的夹角 80°左右,相邻两个主枝水平夹角 180°,各主枝呈扇形与行间垂直。结果基枝的角度要大于同级次的主枝,长势要弱于同级次的主枝。

整形方法:鲜枣定植后要加强管理,翌年春季萌芽前,在树干距地面 60～70 厘米处选一有健壮主芽的二次枝双截定干,将全树枝条向行间弯曲拉成与树干夹角 80°左右的水平枝成为第一主枝用绳索固定。从基部疏去弯曲处的二次枝,并在主芽上方进行目伤,刺激主芽萌发成新枣头,成为直立生长的新中心枝。对弯倒的主枝背上的枣头、二次枝进行扭枝改变生长方向或疏除,在盛花期可对主枝环割或开甲促使其结果。第三年在中心枝距第一主枝 20 厘米处选留 1 个有健壮主芽的二次枝,将中心枝弯曲拉向第一主枝的相反方向,培养第二主枝、结果基枝和中心枝。技术要求同上。以后逐年培养第三、第四主枝。当树高达到 2 米左右时,将中心枝弯曲拉倒成 60°左右使之呈开心形,弯曲处不再培养新的中心枝,此时整形全部完成。

(五)篱　架　形

重庆市富森林业有限公司在四川省眉山市和崇州市、浙江省杭州市、广西壮族自治区南宁市、贵州省贵阳市和重庆市的永川市等地采用篱架形,株距 1 米、行距 2 米,每 667 平方米栽植 333 株,产量高达 2 000~2 500 千克。

十五、怎样才能让南方鲜枣提前结果

要使鲜枣提前结枣,实现早结枣、早高产,必须栽植优质品种并选用壮苗、整地质量要好、有机肥一定要充足、栽植水平高、冬栽缓苗快、生长量大和密植的条件好,并采取促花促果的技术措施才能做到,否则就是第一年挂果也只能是零星结果,难以取得好的效益。栽植密度为每 667 平方米 333 株左右的鲜枣园采用篱架形整形,在良好的管理条件下,栽植的翌年在开花期对主枝开甲或环割,并采取花期保花保果措施即可结枣,并可获得理想的产量。四川省眉山市土地乡长虹村当年每 667 平方米产量达 500 千克。栽植密度每 667 平方米40~100 株的枣园,每年在保证各级骨干枝健壮生长、迅速扩大树冠的同时,对各级结果基枝和结果枝组通过拉枝、缓枝、背上枝扭枝、摘心等技术措施,缓和其营养生长,促进生殖生长,花期通过开甲或环割,并采取花期保花保果措施,强迫其结果,能做到长树结果两不误,获得了一定的产量。

从定植到结果前这一段的生长时期称幼龄期,又称幼树期。这一时期主要是营养生长,建造牢固的树体骨架,积累营养,为初果期奠定基础。此期鲜枣树的枣头单轴延伸能力强,修剪以冬剪为主。通过枣树定干、短截、双截,促生健壮枣头、二次枝,在不影响各级主枝生长和膛内光照的条件下,对树上的枣头、二次枝可缓剪,缓和长势。夏剪时通过拉枝、扭枝、枣头摘心等技术措施,培养成大小不等的结果基枝和枝组。

初果期又称为生长结果期。此期树体骨架已初步成型,树冠仍需继续扩大,营养生长仍占重要地位,枣果产量逐年增加,但尚未达到最高产量。此期修剪的主要目的仍是保证各级骨干枝的旺盛生长,扩大树体的营养面积,调节生长和结果的关系。冬剪时对各骨干枝头进行双截,保持各延长枝头的生长优势,对有空间的枣头进行双截;二次枝留 1～2 个枣股进行短截,培养成较大型的结果基枝或结果枝组。其余的枣头和二次枝尽量保留,通过拉枝、扭枝等技术措施培养成各类结果基枝或枝组。对影响光照或无生长空间的基枝可从基部疏去。当树冠达到一定要求(株间将要相互搭接时)可进行花期树干开甲,促使全树结枣,进入盛果期。

密植枣园此期应控制营养生长,促进生殖生长,尽量多结果,以果压冠,抓好前期产量,延迟枣园郁闭时间,延长盛果期。

鲜枣树进入盛果期树冠已经形成,大小基本稳定,生殖生长大于营养生长,结果能力强,果实品质好。随着盛果期的延长,后期骨干枝先端逐渐下垂,长势减弱,内膛枝逐渐衰老枯死,结果部位外移。此期在修剪上应注意调整营养生长与生殖生长的关系。在结果适量、合理负载的前提下,要保持枣树每年都有一定的营养生长,以促进根系生长,保持树体健壮,尽量延长盛果期的年限。在冬剪时每年要对外围延长枝头进行双截或回缩,促发新枣头,生长量每年维持在 30 厘米左右。对连续结果 10 年以上的枣股,结果量及枣果品质趋于下降,应及时回缩结果基枝或枝组,利用隐芽萌发新枣头,培养成新的结果基枝和结果枝组,保持整个树体旺盛的结果能力。对衰老、生长位置不好、无生长空间、影响主枝和主要结果基枝生长的枝条可从基部疏除,为主枝和其他结果基枝让路。对主枝和结果基枝上的新枣头、延长过旺枝头可通过摘心仍保持一定的营养生长,其余枣头可培养成新的结果基枝代替已衰老的结果基枝,无生长空间的枣头可从基部疏除。

鲜枣园管理水平决定着枣树衰老的年限。管理水平高的枣园进入衰老期的时间就长,反之则短。不能以结枣年限硬性划定,而应根据结枣情况而定。鲜枣树衰老的标志是产量大幅度下降,外围枝头极度衰弱,各骨干枝、结果基枝已开始枯死,局部更新已无明显效果,此时,为恢复鲜枣产量就应及时进行全树更新。更新程度视衰老程度而定。衰老轻的可将全树各大主枝和大结果基枝回缩 1/2;衰老严重的可将全树各大主枝和大结果基枝回缩至 2/3 处(即截去全枝的 2/3),促使隐芽萌生新枣头,培养新的主枝延长枝和结果基枝。更新期间要加强土、肥、水管理和病虫害防治,并停止开甲,进行养树,2~3 年新树冠基本形成后再开甲,重新恢复鲜枣产量,老树更新工作基本完成。

鲜枣的花芽分化自枣树萌芽已开始,随着枣吊的生长逐渐现蕾,后期是花芽分化、现蕾、开花、授粉、坐果同时进行,突出表现为树体各器官营养竞争激烈,致使营养不足,坐果率很低,自然坐果率不到 1%。因此,花期的一切管理措施都是围绕提高树体营养水平进行。花期管理除了前面说的要进行追肥浇水外,枣头、二次枝、枣吊摘心,适时开甲、喷植物生长调节剂、喷微肥、喷清水等对提高坐果率均有较好的效果。

枣是典型的虫媒花,异花授粉坐果率高,喷药必然影响昆虫授粉,特别是对蜜蜂的伤害很大,有些药剂浓度较高,对花粉也有杀伤作用。因此,在一般情况下花期是不提倡喷农药的。如果花期有害虫发生,影响到枣果产量,在这种情况下可以考虑喷药。喷药前应通知放蜂主人,采取预防蜜蜂中毒措施。药剂采用水剂和乳油剂型,尽量不用粉剂或胶悬剂的农药,以免影响枣花的授粉。

九二〇是赤霉素的一种,为植物体内普遍存在的内源激素。植物体内的赤霉素有 70 多种,主要作用是促进细胞生长和伸长,改变雌、雄花的比例,诱导单性结实,促进坐果。一般在鲜枣开甲后使用九二〇,浓度为 15 毫克/升。九二〇必须在肥、水管理好,树壮的条件下使用效果才好。为充分发挥九二〇的增产效果,提高果实品质。笔者在使用九二〇的同时加上 50%矮壮素 5 000 倍液、0.2%尿素、0.2%磷酸二氢钾、0.1%～0.2%硼砂液混合一起喷花,比单一使用九二〇效果更好,营养生长得到抑制,养分分配趋向生殖生长。因此,单果重增加,提高了果实品质。

硼是鲜枣必需的微量元素之一,参与植物体内碳水化合物的运转和生殖器官的发育,花期喷硼能促进花粉发芽、花粉管生长和子房发育,是提高鲜枣坐果率的重要措施。花期喷硼肥用 0.2%或 0.1%硼酸溶液,如和氮、磷、钾及其他微肥一起使用,效果更好。

鲜枣花期喷清水也有好处。鲜枣花期空气相对湿度达到 60%以上时花粉发芽正常,枣花蜜盘分泌蜜汁多,有利于吸引蜜蜂等昆虫授粉和坐果。我国南方枣区,春季降水并不多,花期常遇浓雾天气,影响枣树的授粉受精,造成严重减产。只要在冬季早栽并铺地膜,翌年 3 月份发芽,4 月底开花,5 月份已进入花期,6 月份有大雨也不怕。如果栽迟,花期遇阴雨易造成落果。花期喷水可以提高空气湿度,减少焦花,有利于花粉发芽和授粉,提高坐果率。喷水时期应在初花期到盛花期,一天之中的喷水时间以傍晚最好,因傍晚温度下降,蒸发量低,喷水后空气湿度保持时间长,特别是鲜枣开花散粉时间一般在上午,为其授粉提供了良好的小气候。喷水次数视天气而定。干旱年份应多喷几次,反之可减少喷水次数。一般喷水 3～

4 次为宜。喷水范围越大,效果越好,故提倡大面积喷水。

鲜枣花期开甲也有促进坐果的作用,但开甲应注意几个问题。鲜枣花期开甲可暂时集中树体营养物质用于开花坐果,能有效地解决因养分不足引起的落花落果。开甲是河北、山东等枣区采用提高坐果率的主要技术措施。过去主要是在金丝小枣树上应用,这些年运用到大枣树上也同样取得了良好的效果。在鲜枣树上开甲已有较长历史,成为取得鲜枣优质丰产的重要技术措施。

开甲时间应在鲜枣花开到 40 小时时进行。过早坐果率低,影响产量;过晚坐果率虽然高,但生长期短,枣果单果重和果实品质下降。据河北省昌黎果树研究所对金丝小枣的调查,初花期开甲,果实个大,坐果率低;盛花期开甲,果实大小均匀;末花期开甲,果实较小。

开甲所用工具为扒镰和菜刀。扒镰可专门锻制,也可用旧镰折弯制成。开甲要选择无风晴天,利于甲口形成层的保护,促进甲口愈合。开甲时先用扒镰将树干老皮扒去一圈,使露出宽 1 厘米左右粉红色韧皮,再用菜刀在扒皮部位上部水平向内横切一圈深至木质部,在下面斜向上向内横切一圈深至木质部,然后将韧皮切断剔除,形成一上平下斜的梯形槽,即完成开甲。这样的梯形槽不存水,可防止树皮腐烂并利于愈合。剔除韧皮应保护好愈伤组织(树皮与木质部之间的黏液),有利于甲口愈合。甲口宽一般 0.3~1 厘米,大树、旺树甲口可适当宽点,小树、弱树甲口要窄些,特别弱的树应停止开甲。开甲后在 30~40 天内愈合为宜。过早愈合影响坐果;过晚愈合不利于树体生长,引起落叶、落果,甲口长期不愈合造成死树。甲口要求宽窄一致,不留韧皮组织,否则影响坐果。群众中有"留一丝,歇一枝"的说法,就是这个道理。第一年开甲为方便作业

可在树干距地面 20 厘米处开第一刀,以后每年上移,间距4~
5 厘米,直至树干分支处,然后再由上向下返或从下向上返均
可(图 8)。

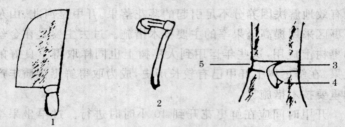

图 8　开甲示意图
1. 菜刀　2. 扒镰　3. 切开的甲口　4. 剔出的树皮　5. 露出的木质部

甲口保护非常重要。过去枣区农民对甲口不采取保护措
施,容易受甲口虫(皮暗斑螟)为害而不能愈合,影响树势和坐
果。防治甲口虫的方法是:开甲后晾甲 4~12 小时,在甲口处
用 20％氰戊菊酯乳油 200 倍液,或 90％晶体敌百虫 200 倍
液,或 30％乙酰甲胺磷乳油 100 倍液,或 5％抑太保乳油 200
倍液加 30％乙酰甲胺磷乳油 200 倍液,每隔 7 天抹 1 次,共
抹3~4 次。开甲 20 天后,可将甲口用湿泥抹平或用塑料薄膜
包扎,既防虫又保持甲口湿度,有利于甲口愈合。

调查中发现,在花期管理中有的枣农片面追求产量,不适
当地使用提高坐果措施,致使虽然产量增加,但果实品质下
降,果皮增厚,含糖量降低,失去了鲜枣皮薄、汁多、酥脆甘甜、
略有酸味、清脆爽口的原有风味。我们所采用的栽培措施都应
围绕提高果品品质进行,在保证果品质量的前提下,将产量维
持在一个合理的丰产水平上。一切商品(包括果品)只有以优
异的质量才能赢得市场,才能受到消费者的青睐,生产者和经

营者才能有效益,否则就会被市场淘汰。为此在花期管理上应做到以下几点。

一是适时实施枣头摘心。枣头摘心(包括二次枝和枣吊)是抑制营养生长、促进生殖生长、提高坐果率的一项关键技术,特别是鲜枣幼龄期,营养生长偏盛时摘心更显得重要。目前生产上存在摘心过早、过重的现象,影响了养分的有效积累和树冠的扩大(幼树)。任何事物都是一分为二的,适当摘心可以调节养分分配,有利于向生殖生长方向输送。过度的摘心,一方面影响树冠扩大的速度,势必影响产量逐年递增;另一方面没有适量的营养生长,必然导致树体养分恶化,对坐果和果实生长都不利。适时摘心因枝位不同而异。各级骨干枝头、大型结果基枝枝头应在 8 月上旬枝条生长停长前轻度摘心,目的是促进骨干枝头加粗生长和枝条物质充实;从 5 月中下旬开始,对各级结果枝组,要根据所在位置、枝条的大小强弱,进行程度不同的摘心。对位置不好又无利用空间的枣头应从基部除去或留 2 个二次枝摘心。如仅位置不好,可利用培养成小型枝组的进行扭枝改变方向,使之水平或下垂,培养成适宜的结果枝组。对枣头、二次枝摘心的轻重要求是:轻摘心枣头留 6～9 个二次枝,二次枝留 6～8 节;中摘心枣头留 4～5 个二次枝,二次枝留 4～5 个节;重摘心枣头留 2～3 个二次枝,二次枝留 2～3 节。

二是合理使用植物生长调节剂。花期合理使用植物生长调节剂能显著提高坐果率,但使用不当会造成不良后果。如有的农民在枣树花期喷九二〇达 4～5 次,结果使果实变小,成熟期延长,果实品质下降。有的在鲜枣坐果后过早地使用高浓度的萘乙酸,本来想保果,却造成大面积的落果。九二〇的作用、施用方法、施用数量和注意事项见上文。

三是提倡疏果。鲜枣疏果不仅能提高当年的果品品质,而且是实现年年优质丰产的重要技术措施。因为鲜枣在红枣品种中是果实成熟较晚的一种,采果后叶片就开始变黄脱落,基本没有纯营养积累的生长时间。因此,鲜枣只能靠结果适量来获取贮存营养,为翌年的萌芽、花芽分化、枣吊生长、花蕾形成等一系列生育过程提供充足的营养,为鲜枣丰产优质奠定基础。

最后再谈一下果实生长期需要搞好的一些管理工作。

搞好夏剪。果实生长期管理是保证鲜枣的产量和质量的关键时期。因此,要按照前面介绍的有关内容做好土、肥、水的管理和夏剪以及有关病虫害防治(见病虫害防治部分)。此期的夏剪除要平衡各枝条的生长势外,幼旺树要通过摘心、拉枝、扭枝、疏除内膛过密及徒长枝等措施,控制营养生长,促进生殖生长。盛果期树要平衡营养生长与生殖生长,改善膛内通风透光条件,提高鲜枣的质量和产量。

进行人工疏果。根据鲜枣树的大小、土壤肥力及管理水平确定鲜枣产量,以保证鲜枣树的丰产、稳产和果实品质。超过合理负载后其产量与果实品质成负相关,即产量越高其品质越差。鲜枣是名优鲜食品种,果实个大、品质优异才能赢得国内外市场。要做到鲜枣果实个大、品质优异,在果实生长期减少植物生长调节剂的使用次数、减少氮肥的施用量,增加磷、钾肥特别是钾肥的施用量十分必要。此外,人工疏果也是可行的。为节约树体养分,疏果时间可在鲜枣坐果之后进行。可先对结果基枝进行摇枝,疏除坐果不牢、后期营养不足、自动脱落的部分枣果;然后对剩下的枣果进行疏除。要疏去被病虫伤害、果形不正、果实生长不良的劣果,保留枣吊中上部的好果。留果量掌握在果吊比 1~1.2 个。单吊单果最好。如坐果不均,可适量保留部分单吊双果,以保证鲜枣的产量(表5)。

表5 鲜枣人工疏果效果调查

疏果时间	处 理	调查枣吊	果/吊	单果重(克)	单果重15克以上的比例(%)
7月底	人工疏果	100	1	16.5	100
	对照不疏果	100	2	10.1	30

防止落果。幼果膨大后期,果实因营养供应不足有落果现象。为减少落果,可喷20毫克/升萘乙酸液加0.3%磷酸二氢钾液。如有缺氮症状,可加0.3%尿素液一起喷洒,有减少落果的作用。在果实速长期喷洒2～3次稀土微肥或氨基酸钙,对减轻果实裂果、果实浆烂、提高鲜枣品质有益。

铺反光地膜。果实含干物质的多少及着色与光照密切相关。对于盛果期已接近郁闭的枣园,树下铺反光地膜对提高枣果品质和着色效果明显。可在鲜枣的白熟期前开始铺膜,采收前揭膜卷好保存,翌年可继续使用。

第五章　无公害鲜枣的病虫害防治

一、无公害绿色鲜枣病虫害防治应采取的方法

无公害鲜枣是符合国家标准的安全食品,其有害物质的残留来自环境、土壤、水、农药、化肥的使用及采后贮运等多种因素,农药污染无疑是果品污染的主要途径。维持枣园的生态平衡,是果树工作者在病虫害防治上应遵循的策略。有效途径是不使用或少量使用农药,达到既能控制主要病虫害,又不造成经济损失,且不对环境造成污染。

枣园是一个生态系统,系统内的各种生物是处在一个此消彼长的动态变化之中。枣园管理者的作用是在尽量减少枣园经济损失的条件下,来维持物种间的生态平衡。

(一)搞好检疫

严禁从疫区引种鲜枣苗木、接穗,防止有害生物进入枣园。

(二)提高鲜枣树的抗逆性

应从育种和选种入手,培养品质好、抗病虫害的鲜枣新品种。通过科学的肥水管理、修剪、合理负载、适时的病虫害防治等措施促进树势健壮,提高自身的抗病虫害能力。引起枣树发病的多数病原菌都属于弱寄生菌,树势越弱越容易感染病害。

春天在枣园中有个别株出现花前落蕾现象的，除与防治绿盲椿象不力外，与上年坐果多、树势弱也有关系。调查发现，同一枣园、同一行树、相同品种，有的树枣吊长，花蕾肥大而壮，开花正常；有的树枣吊短，花蕾瘦小，长势很弱，还没开花就落蕾了。分析其原因，是枣园间的差异。凡发芽前、开花前没追肥浇水的枣园，花蕾脱落的就多。同枣园、同一行树出现花蕾脱落的是上年坐果太多，或因甲口愈合不良所致。由此可见，提高枣树自身的抗病虫害能力，在病虫害防治中的作用是不容忽视的。

（三）保持枣园生物的多样性

枣园是一个生态系统，生态系统内的生物链越长，生态系统越稳定。生物的多样性是实现枣园生态平衡的基础条件。人为地造成某个物种的消失就会影响其他物种的存在，打破生态平衡。为此，我们在防治病虫害时要有经济阈值的观念。即某种害虫其数量在不喷药防治的条件下，其为害所造成的经济损失与喷药防治所需用的成本相当就可以不喷药防治，依靠天敌来控制此害虫的蔓延。只有当某种害虫所造成的经济损失远远超过喷药所造成的经济损失时才应采取喷药防治。为此，枣园管理者要通过调查分析，正确把握枣园病虫发生趋势和主要害虫与次要害虫（主要害虫是指不采用农药防治会给枣园造成经济损失的害虫，次要害虫是在经济阈值范围内的害虫）的分布状况，作为用药的依据，尽量减少农药使用，以保证枣园的生物多样性。中国农业科学院在云南、贵州省进行的生物防治试验研究，就是通过农作物的间作、套种、轮作等形式，充分利用生物多样性及其相互制约来实现的。枣粮间作的种植模式是古人智慧的结晶，经历了历代的自然灾害而流传至今,有其科学性,它较好地解决了光与植物、植物之间、植物与土壤和间作地内生物之间的关系,实现了生物多样性,对生产无公害鲜枣也不失为良好的种植模式。

(四)保护和利用天敌

生物的多样性是实现生态平衡的基础,天敌(有益生物)是维持生态平衡的重要因素。为此,要千方百计地保护和利用,这不仅能降低生产成本,获得更高的经济效益,而且有利于病虫害防治。

1. 枣园常见的害虫天敌

(1)**草蛉科** 以捕食蚜虫为主,也捕食害螨、枣叶壁虱、叶蝉、介壳虫类及鳞翅目害虫的卵与幼虫,是枣园常见的害虫天敌。主要有大草蛉、中华草蛉、丽草蛉、晋草蛉、多斑草蛉等。

(2)**瓢虫科** 除植食性瓢虫亚科的瓢虫外,大部分瓢虫为肉食性的益虫,捕食蚜虫类、害螨类、介壳虫类的各种虫态。主要有深点食螨瓢虫、七星瓢虫、黑缘红瓢虫、红点唇瓢虫、红环瓢虫、大红瓢虫、中华显盾瓢虫,是果园常见的重要害虫天敌之一。

(3)**螳螂科** 俗称刀螂。可捕食蚜虫、蛾蝶类、金龟子类、椿象类、叶蝉等多种害虫。对枣树害虫枣步曲、刺蛾类、棉铃虫、桃小食心虫等害虫均有较强的捕杀能力。我国螳螂有50多种,常见的有广腹螳螂、中华大刀螂。

(4)**蜻蜓类** 是最常见的一类益虫,全世界有5 000余种,全部为捕食性益虫,对枣树鳞翅目害虫如枣步曲、桃小食心虫、枣黏虫、枣花心虫等均可捕食,应教育儿童予以保护。

(5)**食虫虻类** 多数种类为益虫,捕食金龟子、椿象类及鳞翅目害虫的成虫。主要有中华食虫虻、大食虫虻。

2. 保护、利用天敌的措施 有条件的枣园可以引进和饲养天敌，释放于枣园，达到控制害虫的目的，目前在生产上应用的有赤眼蜂、澳洲瓢虫。河北、山东省的科研单位还在做这方面的工作，饲养和放飞天敌的种类和数量将会越来越多。

要多采用有利于天敌存在而不利于害虫存在的防治措施。因此，首先要选择对天敌无害的农艺措施。比如春天枣树发芽前，在树干的中下部缠塑料膜裙或黏虫胶带，阻止在根际周围越冬的山楂红蜘蛛和枣步曲等越冬害虫上树产卵繁殖，是行之有效的防治方法，且对天敌无害。要改进过去推广的不利于保护天敌的除虫方法，如8月份树干缠草圈，冬天刮树皮等，应该肯定这些都是有效防治病虫的方法。但是，过去推广的技术是在入冬前解下草圈、刮下树皮运出枣园烧毁，这无疑把藏在草圈、树皮内的天敌昆虫也一同烧毁。现在的方法是在春季适当晚解草圈和刮树皮，然后把解下的草圈和刮下的树皮堆放在温暖的地方，给予一定湿度，上面覆盖湿草，再用细纱网罩起来，等天敌出蛰放飞于枣园后将剩下的害虫烧毁，这样既保护了天敌，也消灭了害虫及病原菌类。选用对天敌无害的性诱剂防治害虫，并可用来预报害虫发生期，指导适时喷药，提高防治效果。目前已有桃小食心虫、黏虫性诱剂用于生产。也可选用物理方法防治害虫，如用对天敌伤害轻微的高压杀虫灯等。

二、科学地使用农药

（一）农药的剂型与特点

农药的种类很多，防治对象和作用特点不同，要正确科学地使用农药,了解农药的剂型与特点很有必要。

1. 按农药的原料分类

(1)**无机农药** 如石硫合剂、波尔多液、硫酸亚铁等,是由矿物质配制成的农药,一般不易产生抗性。

(2)**有机农药** 如敌敌畏、辛硫磷、百菌清、多菌灵等,是人工合成的有机农药。发挥药效快,连续使用易产生抗性。

(3)**生物性农药** 如苦参碱、烟碱、苏云金杆菌、浏阳霉素、阿维菌素等,由植物、抗生素、微生物等生物制成的农药,对人、畜、天敌毒性低,是生产无公害果品首选的农药。

2. 按农药的防治对象分类

(1)**杀虫剂** 如敌百虫、辛硫磷、乐果、敌杀死、苦参碱等。

(2)**杀螨剂** 如螨克、螨死净、速螨酮等。

(3)**杀线虫剂** 如灭线丹、丙线磷等。

(4)**杀菌剂** 如波尔多液、甲基托布津、代森锰锌等。

(5)**除草剂** 如丁草胺、草甘磷、克芜踪等。

(6)**植物生长调节剂** 如赤霉素、萘乙酸、乙烯利等。

3. 按杀菌作用分类

(1)**保护剂** 如波尔多液、代森锰锌等,以保护为主,在枣树发病前应用效果好。

(2)**治疗剂** 如百菌清、多菌灵等能杀死病原菌,防止继续蔓延。由于其性质不同,又分为表面治疗剂和内部治疗剂。表面治疗剂如粉锈宁防治枣锈病,能杀死植物表面的病原菌;内部治疗剂如多菌灵有内吸作用,药物进入植物组织内,可杀死或抑制病原菌。有的农药如农用链霉素只对细菌病原有效,对真菌病原菌无效。因此,防治真菌病害必须选用杀真菌的药剂。

4. 按杀虫作用分类

（1）**触杀剂** 经害虫的体表渗入体内发挥杀虫作用，一般对咀嚼式口器和刺吸式口器害虫均有效。

（2）**胃毒剂** 经过害虫的口器进入体内，肠胃吸收后中毒死亡。对咀嚼式口器害虫防治效果好。

（3）**内吸剂** 植物吸收后在体内输导、存留或产生代谢物，使取食植物汁液或组织的害虫中毒死亡，对刺吸式口器害虫防治效果好。

（4）**熏蒸剂** 以气体状态通过呼吸道进入虫体发挥药效杀死害虫，如乙酰甲胺磷、敌敌畏等均有一定的熏蒸作用。

5. 按除草作用分类 有触杀、内吸、选择、灭生性除草剂不同的作用类型，杀灭不同生长特点的害草。

6. 按药品剂型分类 有乳油、水剂、可湿性粉剂、颗粒剂、胶囊、悬浮剂等。作用于不同的杀虫目的，应选用适宜的剂型。如防治桃小食心虫，在5月中下旬害虫出土前可用辛硫磷胶囊或颗粒剂喷洒地面来防治，在8月中旬就需要选用乳、水剂用于树上喷药来防治。

7. 按酸、碱属性分类 属于酸性的农药可以与酸性、中性农药混用，而不能与碱性农药混用，否则会降低药效或产生严重药害。如波尔多液属碱性农药，不能与大部分农药混用。在配制药液时也应该注意水的酸、碱性，碱性水不宜配制酸性农药。如采用偏碱性水配制药液，加上适量的醋可以提高药效。另外，有的药剂虽然同属碱性农药，不仅不能混合使用，还必须有一定的间隔时间才能交互使用。如波尔多液与石硫合剂同属碱性农药，但不能混用，二者使用间隔必须在20天才行。因此，在使用农药前一定要看清农药使用说明，弄清农药的特性再正确配制和使用，否则会给生产带来不必要的损失。

（二）选用对人、畜、天敌无毒、无害的农药

在必须使用农药防治病虫害时,首先要选用对人对畜无毒、对天敌无害或影响轻微的植物农药如烟碱、苦参碱等,矿物性农药如波尔多液、石硫合剂等,生物农药如苏云金杆菌、浏阳霉素、白僵菌等,抗生素类农药如阿维菌素,昆虫抑制剂如农梦特、灭幼脲系列、抑太保等。必要时也可选用我国无公害食品管理中心允许限量使用的高效低毒的农药如乐果、菊酯类农药等,并尽量改进用药方法,以减少对天敌的伤害。如防治桃小食心虫,可在5月中下旬害虫出土前在地面撒药防治。树上喷药可选用挑治的方法,如防治已上树的山楂红蜘蛛,前期为害的主要部位是树冠内的中下部或部分植株。因此,喷药重点是树冠的内膛中下部和园内有山楂红蜘蛛的单株。对无山楂红蜘蛛的树可以不喷,这样可以减少对天敌的伤害。总之,只有保护和利用好天敌,维持枣园的生态平衡,才能减少有毒农药的使用,控制病虫的为害,生产出无公害鲜枣。

（三）有针对性地用药

科学地使用农药是提高防治病虫效果的关键。农药品种很多,剂型、功能、用途不同,有的农药只具备一种功能,如杀虫剂只能用来防治害虫而不能防治病害。近年来为方便使用和提高防治效果,复配农药品种增多,如有机磷与菊酯类农药复配,扩大了杀虫范围,提高了防治效果,延迟了害虫抗药性的产生。只有了解农药的性能、特点,才能做到农药使用正确、适时、适量。

为有效地控制病虫为害,除了保护天敌,实行生物防治病

虫外,必要时采取农药防治病虫仍是目前生产无公害果品可行的应急措施。因此,根据农药的特性和病虫为害特点选择相应的药剂非常重要。如防治红蜘蛛、绿盲蝽象等刺吸式口器的害虫,就必须选用有内吸和触杀作用的药剂才能奏效,用有胃毒作用的农药效果不好;相反,防治桃小食心虫、棉铃虫、刺蛾等咀嚼式口器的害虫,就要选用有胃毒作用的药剂来防治。再如,有的农药只杀成虫、若虫,不杀卵,所以当某种害虫成虫和虫卵同时存在时,就要选择既杀成虫又杀虫卵的药剂,才能收到良好的防治效果。再如有的农药对温度敏感,如用双甲脒防治红蜘蛛,在 20℃ 以上效果好,但超过 32℃ 易产生药害,所以这种药应避免早春使用,夏天使用时应在傍晚时喷药。

(四)适时使用农药

防治病害要在病菌侵染期用药,后期可根据天气情况适时喷药,保持其防治效果。如发现症状再防治,只能控制不蔓延,已丧失根治时机。如防治棉铃虫,抓住幼虫 1～2 龄用药效果最好。到 5 龄再防治,不仅增加用药量,提高了防治成本,加重了环境污染,而且增加了防治难度。此外,还要根据药性决定施药时间。如采用灭幼脲 3 号防治 1～2 龄棉铃虫,因其药效慢,必须提前 3～4 天使用。适时用药还含有选择喷药时间的问题。如防治绿盲蝽象,最好在傍晚喷药,因为绿盲蝽象喜欢傍晚、夜间活动,白天在黑暗处藏匿,傍晚喷药可直接喷到害虫身上。再者夜间药液蒸发量少,保湿时间长,害虫出来活动,沾上药液即可死亡,从而提高了防治效果。

（五）交替使用农药，延缓病原菌、害虫产生耐药力

已禁用的一六○五防治红蜘蛛，在 20 世纪 60 年代用 2 000 倍液防治效果很好，到 80 年代用 800 倍液防治基本无效。果农也有同样感觉，多菌灵也不如刚开始使用时的效果好，其原因是多年连续使用造成病原菌、害虫耐药性提高的结果。为减少病虫耐药性的产生，每种农药不能连续使用，要与其他类型农药交替使用。同类型的农药交替使用无效。如多菌灵不能与甲基托布津交替使用，因二者属于同类型药物。与波尔多液、代森锰锌交替使用，可以减少其耐药性的产生。

（六）正确混合使用农药

杀菌剂与杀虫剂混合使用既能杀菌又能灭虫，可减少喷药次数和用药成本，治虫、防病效果不减。杀成虫效果好与杀虫卵效果好的农药混合使用，可以起到药效互补的作用。如红蜘蛛发生期一般是成螨、若螨、卵同时存在，单用阿维菌素防治就不如和螨死净一起混用的效果好。因为阿维菌素防治成螨和若螨效果好，但不杀卵；而螨死净杀卵和若螨的效果好，二者混用药效互补，提高了防治效果。

（七）选择好农药的施用部位

农药大部分是触杀和有渗透作用，内吸性药较少，只有将农药喷到病斑或虫体上防治效果才好。因此，要了解病虫害侵害部位，正确喷洒农药。如山楂红蜘蛛为害叶背面，所以喷药的重点是叶背面。再如防治会飞的害虫，采用挤压式喷药，对一株树要从树冠的最上面依次向下喷药，直至地面作物一起

周密喷洒;对一片枣园最好从枣园四周边缘同时向园内喷药,防止害虫逃逸,保证防治效果。目前生产上也存在用药的误区。有的枣农认为农药混合得越多越好,将5～6种农药混在一起使用,效果并不好。如把辛硫磷与马拉硫磷一起混用其意义不大,因为同属有机磷农药其作用相同。如马拉硫磷与乙酰甲胺磷混用,虽然同是有机磷农药,但一个是胃毒型,一个是内吸型,二者混用能起到药效叠加的作用,扩大了防治范围。还有的枣农认为,用药浓度越浓,疗效越高,其实不然。农药浓度高引起人、畜中毒,造成植物药害事例屡见不鲜。在该种农药的要求浓度范围内,只要喷药适时均匀周到,完全能达到防治要求。过高的浓度只能加快害虫、病菌耐药性的产生和农药更替速度,增加了防治难度。总之,人们在实践中应不断总结经验,科学地使用农药,采用综合防治技术,既要控制病虫害,又不给环境和果品造成污染,生产出符合国家标准的鲜枣。

(八)喷施农药要与根外追肥相结合

为减轻劳动强度,在喷施农药时除有特殊说明外,一般都可以结合根外追肥一起进行,不影响药效,还有增强防治效果的作用。因为根外追肥有利于强化树势,提高树体本身的抗性。与农药一起使用还有协同作用。一般开花坐果以前主要喷施氮肥和微肥,坐果以后主要喷施磷、钾肥和微肥。

(九)鲜枣上严禁使用的农药

1. 有机磷类农药 对硫磷(一六〇五、乙基一六〇五、一扫光)、甲基对硫磷(甲基一六〇五)、久效磷(纽瓦克、纽化磷)、甲胺磷(多灭磷、克螨隆)、氧化乐果、甲基异柳磷、甲拌磷(三九一一)、乙拌磷、杀螟硫磷(杀螟松、杀螟磷、速灭虫)。

2. 氨基甲酸酯类 灭多威（灭索威、灭多虫、万灵）、呋喃丹（克百威、虫螨威、卡巴呋喃）等。

3. 有机氯类 六六六、滴滴涕、三氯杀螨醇（开乐散，其中含滴滴涕）。

4. 有机砷类 福美砷（阿苏妙）及无机砷制剂如砷酸铅等。

5. 二甲基甲脒类 杀虫脒（杀螨脒、克死螨、二甲基单甲脒）。

6. 氟制剂类 氟乙酰胺、氟化钙等。

三、生产无公害鲜枣允许使用的杀虫剂

（一）苦参碱（绿宝清、苦参素）

【作用特性】 苦参碱是由中草药苦参的全草采用现代技术提取的多种生物碱混合组成的农药。主要作用是害虫触药后麻痹神经中枢，使虫体蛋白质凝固堵死虫体气孔窒息而死。该药具有触杀和胃毒作用，杀虫范围广，杀虫兼杀螨类，是生产有机食品的首选杀虫剂，对人、畜安全。剂型有 0.2%、0.3%苦参碱水剂，1%苦参碱溶液，1.1%苦参碱粉剂。

【防治对象】 用于防治桃小食心虫、刺蛾类等食果食叶害虫，红蜘蛛类。

【使用方法】 防治桃小食心虫、刺蛾的幼虫 3 龄期前，用 1%苦参碱醇溶液 500～700 倍液喷雾。防治山楂叶螨在卵孵化期，用 0.3%苦参碱水剂 150～400 倍液喷雾，全株均匀着药。

【注意事项】 本药以触杀、胃毒为主，无内吸作用。因此，喷药要均匀,尽量让虫体着药。要做好虫情测报,在害虫的低龄期施药防治效果好。本药不能与碱性农药混用。

(二)烟碱(硫酸烟碱)

【作用特性】 烟碱是采用烟草提出的植物源杀虫剂,药液进入害虫体内使神经麻痹中毒死亡。以触杀为主,兼有胃毒和熏蒸作用,无内吸作用。对孵化卵有较强的毒杀力。该药剂杀虫范围广,对植物、人、畜安全,残效期7天,是生产有机食品的首选药物。剂型有40%硫酸烟碱水剂,98%烟碱原药,5%烟碱水乳剂。

【防治对象】 叶螨、叶蝉、食心虫、潜叶蛾等。

【使用方法】 防治桃小食心虫等食果、叶害虫,在害虫的幼虫1~2龄期用40%硫酸烟碱水剂800~1000倍液喷雾。防治叶螨类(红蜘蛛),在其卵孵化期用40%硫酸烟碱水剂800~1000倍液均匀喷雾,在药液中加0.2%~0.3%中性皂可提高杀虫效果。与其他杀螨剂混合使用,防治效果更好。

【注意事项】 加入石灰、肥皂的烟草石灰水不能与其他农药及波尔多液混用,对蜜蜂、鱼类有毒害,应注意安全用药,用药安全间隔期为7~10天。人误服该药解毒措施是以活性炭1份、氧化镁1份、鞣酸1份调和后温水冲服,并送医院救治。

(三)机油乳剂

【作用特性】 机油乳剂是由95%的机油与5%的乳化剂混合配制而成。与乳化剂混合的机油,能全部均匀地分散在乳化剂中,可以直接加水使用。主要作用是机油乳剂喷到虫体表面后,形成一层油膜封闭害虫气孔,使其窒息死亡。机油中含有不饱和烃类化合物,能在害虫体内生成有毒物质,使害虫中毒死亡。本药剂以触杀为主,也有胃毒作用。本药性能稳定,杀虫、杀若虫、杀卵均有良好药效,对人、畜安全,对害虫不会产生抗药性。剂型有95%机油乳剂、95%蚧螨灵乳油。

【防治对象】 用于防治山楂叶螨、介壳虫等。

【使用方法】 防治叶螨类可在卵孵化期,成螨、若螨发生期喷药。若在萌芽前使用,可用95%机油乳剂加水50倍喷雾;若在生长期使用,浓度不能低于400倍液。防治枣叶壁虱、日本龟蜡蚧可在萌芽前用95%机油乳剂加水50倍全树均匀喷雾,在其若虫期可用95%机油乳剂加水400倍全树喷雾。防治枣尺蠖,于2~3龄期用95%机油乳剂加水400倍全树喷雾。与乙酰甲胺磷乳油混用能增加药效,减少害虫抗药性产生的几率。

【注意事项】 枣树生长季节使用机油乳剂由于不同厂家、产地的机油所含成分不尽相同,生长季节不同,果树的药害发生几率也不同。使用机油乳剂应预先做试验,以确定正确使用浓度。

(四)苏云金杆菌(Bt 制剂、杀菌1号、敌宝、益万农等)

【作用特性】 苏云金杆菌是细菌制剂杀虫剂。有效成分是细菌产生的3种毒素,被害虫食后能破坏虫的肠道,引起瘫痪,停止进食,中毒死亡。同时药中的芽胞侵入虫体内并大量繁殖,引起败血症,加速害虫死亡。对害虫的主要作用是胃毒。对人、畜低毒,可用于生产无公害和绿色A级食品。剂型有Bt乳剂(含活芽胞100亿个/毫升)、苏云金杆菌可湿性粉剂(含活芽胞100亿个/克)、Bt乳油。

【防治对象】 对鳞翅目如桃小食心虫、棉铃虫、刺蛾等多种害虫有良好防治效果,也可防治其他具有咀嚼式口器的害虫。对刺吸式口器害虫无效。

【使用方法】 防治鳞翅目害虫要在其幼虫 2 龄期以前用活芽胞 100 亿个/克苏云金杆菌乳剂,加水 500～1 000 倍稀释液喷雾。用于防治其他害虫,也应在幼虫的低龄期以前用药。

【注意事项】 苏云金杆菌对家蚕毒性大,应用时应注意。由于是细菌制剂,故杀死的害虫可收集其虫尸搓后加水重复使用,每 50 克虫尸加水 50～100 升,折合 1 000～2 000 倍液。苏云金杆菌不能与杀菌剂和内吸性杀虫剂混用,以防降低药效。气温高于 30℃、湿度较大时药效更好。

（五）白 僵 菌

【作用特性】 白僵菌是真菌性制剂。以孢子接触害虫后产生芽管,侵入害虫体内长成菌丝,并不断繁殖,使害虫新陈代谢紊乱而死亡。使用白僵菌的适宜温度是 24℃～28℃,空气相对湿度 90%左右,土壤含水量 5%以上时使用效果才好。该药剂对人、畜安全,对蚕有害。剂型有白僵菌粉剂(普通粉剂含孢子 100 亿个/克)、高孢粉剂(含孢子 1 000 亿个/克)。

【防治对象】 用于防治桃小食心虫、刺蛾类、卷叶蛾类等鳞翅目害虫。

【使用方法】 防治桃小食心虫可在越冬代幼虫出土时期用普通粉剂加 600 倍水配成药液,喷树干周围 1 米范围地面,然后浅耕,将药混入土内防治。秋季幼虫脱枣入土前也可应用此法防治越冬幼虫。其他世代幼虫盛发期可用普通粉剂加600 倍水配成药液树上喷雾防治。由于白僵菌是真菌制剂,所以可以将发病死亡的虫体收集重复利用。应用白僵菌制剂喷洒地面防治桃小食心虫加辛硫磷胶囊,树上喷雾防治加乐斯本等药剂效果更佳。

【注意事项】 药液要现用现配,配好的菌液要在 2 小时内喷完。在高温、高湿的条件下使用药效更好。不能与杀菌剂混用。药剂应放在阴凉干燥处,以免受潮失效。人的皮肤对白僵菌有变态反应,接触者有时会出现干咳、嗓子干痛、皮肤刺痒等不适现象,喷药时应注意防护。

(六)阿维菌素(齐螨素、爱福丁、阿巴丁、虫螨克星、海正天虫灵等)

【作用特性】 阿维菌素制剂是属中等毒性新一代农用抗生素类杀虫、杀螨剂。能干扰害虫神经活动,使其中毒麻痹死亡。对鱼类、蜜蜂、家蚕有毒,对天敌有害。因叶面残留少,故对天敌伤害较轻。对人、畜、作物较安全,具有胃毒和触杀作用,有较强的渗透性,并能在植物体内横向输导,有较高的杀虫杀螨活性。剂型有 1.8% 爱福丁乳油、0.6% 阿维菌素乳油。

【防治对象】 防治桃小食心虫、棉铃虫等鳞翅目害虫及潜叶蝇类害虫,对山楂叶螨、二斑叶螨等螨类有效。对双翅目、同翅目、鞘翅目等害虫也有效。

【使用方法】 防治桃小食心虫等鳞翅目幼虫低龄期用 1.8% 爱福丁乳油 2 000～4 000 倍液全树喷雾。防治叶螨类用 1.8% 爱福丁乳油 4 000～6 000 倍液全树喷雾,如是初次使用可用 6 000～8 000 倍液。

【注意事项】 不能与碱性农药混合使用,应在低温阴凉处存放。人员中毒立即送医院抢救,用麻黄素或吐根糖浆解毒,切勿催吐,不可服用巴比妥、丙戊酸等药物。枣果采收前

30 天停止使用。注意鱼塘、河流、蜂场及蚕场的用药安全。

（七）灭幼脲

【作用特性】　常用的灭幼脲类为灭幼脲 3 号。灭幼脲为苯甲酰基脲类新型杀虫剂。能抑制昆虫几丁质合成，使幼虫蜕皮困难，不能形成新表皮，虫体畸形死亡。具有胃毒和触杀作用，对鱼虾、蜜蜂及害虫天敌的不良影响小，对人、畜安全。药效作用缓慢，应提前 2～3 天用药，才能发挥药效。剂型有 25％、50％灭幼脲悬浮剂。

【防治对象】　对防治桃小食心虫、棉铃虫、刺蛾类等鳞翅目害虫、潜叶蛾类害虫特效，对防治直翅目、鞘翅目、双翅目等害虫也有效，特别是对有机磷、氨基甲酸酯、拟除虫菊酯类等农药已产生抗性的害虫有良好的防治效果。对刺吸式口器害虫防效不高。

【使用方法】　防治桃小食心虫等鳞翅目害虫要在幼虫 1～2 龄期用 25％灭幼脲 3 号悬浮剂 2 000 倍液均匀喷雾，防治其他害虫也应掌握在低龄期用药。

【注意事项】　灭幼脲悬浮剂有沉淀现象，使用时应充分摇匀，喷药时要细致均匀，不能漏喷，使全树均匀着药液，才能取得良好的防治效果。灭幼脲药效缓慢，用药后 3～5 天见效，应在适宜防治期前用药。不能与碱性药物混合使用。该药应存放在阴凉处。

（八）除虫脲（敌天灵）

【作用特性】　除虫脲也是苯甲酰基脲类新型杀虫剂。其杀虫机制同灭幼脲。主要有胃毒和触杀作用，对鱼虾、蜜蜂及害虫天敌无明显不良影响，对人、畜安全。药效作用较慢，要提前 2～3 天喷药防治,效果明显。

【防治对象】 对桃小食心虫、刺蛾类鳞翅目害虫有特效,也可防治鞘翅目、双翅目的多种害虫。剂型有 20% 除虫脲悬浮剂、25% 敌灭灵可湿性粉剂。

【使用方法】 防治桃小食心虫、棉铃虫应在其幼虫 1～2 龄期用 20% 除虫脲悬浮剂 1 000 倍液树上均匀喷雾。其他害虫也应在害虫的低龄期用药。

【注意事项】 不能与碱性农药混合使用,应贮存在阴凉干燥处保持药效。除虫脲药效慢,喷药防治应在适宜防治期前 3～5 天进行。喷药要求细致均匀,不漏喷,保证防治效果。喷药人员应注意保护眼睛、皮肤,若不慎中毒,立即送医院对症治疗。

(九)定虫隆(抑太保、氟啶脲)

【作用特性】 定虫隆是苯甲酰基脲类新型杀虫剂。其主要作用机制是抑制害虫体表几丁质合成,阻碍昆虫正常蜕皮,致使卵孵化、幼虫蜕皮、蛹发育出现畸形,成虫羽化受到阻碍,从而发挥杀虫作用。

该药剂以胃毒为主,兼有触杀作用,无内吸作用。对人、畜安全,对家蚕有毒。

【防治对象】 对鳞翅目害虫有特效,对直翅目、鞘翅目、双翅目等害虫也有效。对有机磷、拟除虫菊酯类农药产生抗性的害虫具有良好的防治效果。剂型有 5% 抑太保乳油。

【使用方法】 防治桃小食心虫、棉铃虫等鳞翅目害虫的幼虫,在 1～2 龄期用 5% 抑太保乳油 1 500～2 000 倍液喷雾。

【注意事项】 抑太保无内吸性,喷药要求细致均匀,全树着药,不能漏喷。由于该药药效缓慢,喷药时期应比防治适宜期提前2～3天。防治食叶类害虫应在幼虫低龄期用药,防治蛀干性害虫应在成虫产卵时或卵孵化期用药。如人误服中毒,立即饮水1～2杯,不要催吐,尽早送医院洗胃救治。

（十）农梦特（氟铃脲）

【作用特性】 农梦特为苯甲酰基脲类新型农药,作用同抑太保。药效缓慢,以胃毒和触杀为主,无内吸作用,对刺吸式口器的害虫无效。对人、畜安全,对家蚕有毒。剂型有5％农梦特乳油。

【防治对象】 用于防治鳞翅目害虫的幼虫及其他害虫的卵期。尤以对有机磷、拟除虫菊酯类农药产生抗药性的害虫防治效果良好。

【使用方法】 防治桃小食心虫、刺蛾等鳞翅目害虫的幼虫1～2龄期用5％农梦特乳油1 000～2 000倍液全树均匀喷雾。

【注意事项】 同抑太保、灭幼脲等。

（十一）吡虫啉（蚜虱净、
康福多、大功臣等）

【作用特性】 吡虫啉是吡啶环杂环类新型杀虫剂。具有胃毒、触杀和内吸作用,药效迅速、持久,高效低毒、安全,杀虫范围广,可用于叶面喷药和土壤处理。剂型有2.5％、10％可湿性粉剂、5％吡虫啉乳油、20％吡虫啉可溶性粉剂。

【防治对象】 防治蚜虫、蓟马、白粉虱、叶蝉等刺吸式口器害虫有特效,对鞘翅目、双翅目的害虫也有较好的防治效果。

【使用方法】 防治大青叶蝉、绿盲蝽象用 10％吡虫啉可湿性粉剂 3 000～5 000 倍液全树喷雾。

【注意事项】 吡虫啉对家蚕有毒，应小心用药。该药是新制剂，应与其他高效低毒农药交替使用，防止害虫产生抗药性。枣果收获前 20 天停止使用。人不慎中毒应及时送医院救治。

（十二）抑食肼（虫死净）

【作用特性】 抑食肼是一种新型激素类杀虫剂。对害虫幼虫有抑制进食、加速蜕皮和减少产卵的作用。该药以胃毒为主，施药后 2～3 天见效，持效期长，无残留。对刺吸式口器害虫无效。剂型有 20％抑食肼悬浮剂、20％可湿性粉剂。

【防治对象】 用于防治桃小食心虫、刺蛾类、棉铃虫等鳞翅目的幼虫。

【使用方法】 防治鳞翅目的幼虫，在其幼虫 1～2 龄期用 20％抑食肼悬浮剂 500～600 倍液全树喷雾。

【注意事项】 抑食肼杀虫速效性差，应在害虫发生期提前用药，不能与碱性农药混合使用，枣果收获前 10 天停止用药。该药应放在干燥阴凉处贮存。人误食后应及时送医院救治。

（十三）锐 劲 特

【作用特性】 锐劲特是一种氨基吡唑类杀虫剂。具有胃毒、触杀和内吸作用。对鸟类、鱼类、人、畜和作物较安全。剂型有 5％锐劲特浓悬浮剂。

【防治对象】 用于防治桃小食心虫、棉铃虫等多种鳞翅目害虫。

【使用方法】 防治桃小食心虫、棉铃虫等鳞翅目害虫,在其幼虫 1～2 龄期用 5%锐劲特浓悬浮剂 1 500～2 500 倍液对全树均匀喷雾。

【注意事项】 枣果采收前 10 天停止用药,喷药人员要保护好眼睛和皮肤,对误食中毒者立即送医院救治。

(十四)卡死克(氟虫脲)

【作用特性】 卡死克是苯甲酰基脲类杀虫、杀螨剂。以胃毒和触杀为主,其杀虫机制是抑制害虫和螨类表皮几丁质合成,使害虫不能正常蜕皮、变态死亡。该药不杀卵,对成螨不能直接杀伤,但可缩短其寿命,产卵量减少或卵不孵化,或孵化出的幼螨会很快死亡。施药后 2～3 小时害虫、害螨停止取食,3～5 天达到高峰。对人、畜低毒,对叶螨天敌安全。剂型有 5%乳油。

【防治对象】 防治桃小食心虫、枣叶壁虱、山楂叶螨、截形叶螨等有效。

【使用方法】 防治山楂叶螨等螨类,在幼、若螨集中发生期,用 5%卡死克乳油 1 000～2 000 倍液喷雾,药效期可长达 25 天。防治桃小食心虫等食叶害虫可在其幼虫 1～2 龄期用 5%卡死克乳油 1 000～2 000 倍液喷雾。

【注意事项】 不能与碱性农药混合使用。与波尔多液的间隔使用时间为 10 天以上,用过波尔多液后再用卡死克要间隔 20 天以上。防治螨类应在幼、若螨发生盛期使用,由于药效较慢,要比适宜期用药提前 2～3 天。对水生动物毒性高,不可污染水域。在采枣前 70 天停止用药。如人误食立即送医院洗胃治疗。

(十五)扑虱灵(优乐得、环烷脲、噻嗪酮)

【作用特性】 扑虱灵是选择性昆虫生长调节剂。以胃毒和触杀为主,作用机制为抑制昆虫几丁质合成,干扰害虫新陈代谢,使幼虫、若虫不能生成新表皮而死亡。药效慢,持效期长,一般用药后 3 天才能见效,30～40 天仍有药效。属高效低毒农药,对人、畜和天敌安全。剂型有 5%、10%、25%可湿性粉剂,1%、1.5%粉剂,10%乳剂,40%悬浮剂。

【防治对象】 对介壳虫、粉虱、叶蝉等有特效。

【使用方法】 防治枣龟蜡蚧在其幼、若虫发生盛期,喷25%扑虱灵可湿性粉剂 1 500～2 000 倍液。防治蛴螬,每 667 平方米用 25%扑虱灵可湿性粉剂 100 克,先用少量水稀释后喷拌于 40 千克湿细土中,然后均匀撒入园中,再浅耕翻入土内,防效良好。

【注意事项】 药效缓慢应提前使用。本药有内吸性,可在枣树上采用涂枝干的方式用药。采枣前 14 天停止用药。

(十六)杀虫双(抗虫畏、杀虫丹)

【作用特性】 杀虫双有中等毒性,是人工合成的沙蚕毒素类仿生有机氮杀虫剂。害虫中毒后行动迟钝,失去为害作物能力,虫体停止发育,瘫痪软化死亡。残效期 7～10 天。本制剂以胃毒和触杀为主,还能通过根和叶片吸收输导到植物各部位,根吸收比叶片吸收要好。杀虫双属高效、低毒、低残留,无致突变、致癌、致畸作用,对人、畜毒性较低,对水生动物毒性小,对家蚕剧毒。剂型有 18%、25%杀虫双水剂,3.6%、5%杀虫双颗粒剂。

【防治对象】 用于防治桃小食心虫等鳞翅目、同翅目害虫。

【使用方法】 防治桃小食心虫,当虫卵果率达到1‰时用25%杀虫双水剂600倍液全树喷雾,杀卵、杀幼虫效果均好。防治山楂叶螨,在幼、若螨和成螨盛发期,喷布25%杀虫双水剂800倍液。

【注意事项】 使用杀虫双时,可加入0.1%洗衣粉增加药效。杀虫双蒸汽对桑叶有污染,家蚕易中毒,故蚕区不宜使用。棉花、豆类、马铃薯对杀虫双敏感,枣园有此类间作作物时不宜使用。喷药人员应做好防护,不慎中毒立即送医院救治。枣果采收前15天停止用药。

(十七)甲氰菊酯(灭扫利)

【作用特性】 甲氰菊酯是拟除虫菊酯类农药。常温下在酸性介质中稳定,碱性介质中不稳定。属中等毒性杀虫杀螨剂。对人、畜毒性中等,对皮肤、眼睛有刺激性,对鸟类低毒,对鱼类和家蚕高毒。以胃毒和触杀为主,对害螨有驱避及拒食作用,可减少害螨产卵量,当虫、螨并发时,用该药可二者兼治。剂型有20%灭扫利乳油。

【防治对象】 对鳞翅目、双翅目和半翅目害虫特效,对鞘翅目害虫及螨类也有较好杀灭效果。

【使用方法】 防治桃小食心虫等鳞翅目害虫,可在幼虫1～2龄期用20%灭扫利乳油2 000～3 000倍液全树喷雾。防治食芽象甲、绿盲椿象,可在鲜枣萌芽期喷20%灭扫利乳油2 000～3 000倍液。

【注意事项】 低温时喷药防效亦好,故可在枣园早春使用。不能作为杀灭害螨专用药剂,兼治尚可,不可长期单一使用,以免害虫产生抗药性。喷药人员不慎使皮肤上或眼睛中溅到药液,立即用清水冲洗。若误食中毒不可催吐,应送医院救治。采枣前15天停止用药。

(十八)速灭杀丁(氰戊菊酯、中西杀天菊酯、敌虫菊酯、速天菊酯)

【作用特性】 速灭杀丁是拟除虫菊酯类农药。以触杀和胃毒为主,无熏蒸和内吸作用,对人、畜毒性较低,对鸟类、蜜蜂和鱼等水生动物毒性较大。该药击倒能力和速效性较好,残效期较长,对多种害虫均有防治效果,对害螨类无效。剂型有20%杀灭菊酯乳油。

【防治对象】 对鳞翅目害虫防治效果好,也可用于同翅目、半翅目等害虫的防治。

【防治方法】 防治桃小食心虫、刺蛾等食果、食叶害虫,可在其幼虫1～2龄期用20%杀灭菊酯乳油2 000～4 000倍液全树均匀喷雾。防治绿盲椿象可在若虫、成虫期用20%的杀灭菊酯乳油2 000～3 000倍液均匀喷雾。

【注意事项】 速灭杀丁不可长期单一使用,以免害虫产生抗药性,尽可能与有机磷或其他非菊酯类农药交替使用。不能与碱性农药混合使用。枣果采收前20天停止用药。人若不慎将药液溅到皮肤上或眼中立即用清水冲洗,并应及早送医院救治。

四、生产无公害鲜枣允许使用的杀螨剂

(一)浏阳霉素(多活菌素)

【作用特性】 浏阳霉素是具有大环内酯类结构的农用抗

生素杀螨剂。具有触杀作用,对人、畜安全,对多种昆虫天敌、蜜蜂、家蚕等均安全,对鱼类有毒。无内吸性,药液喷到螨体上杀灭效果好,对成、若、幼螨高效,虽不直接杀卵,对螨卵孵化也有一定抑制作用。剂型有10%浏阳霉素乳油。

【防治对象】 为广谱杀螨剂,对叶螨、瘿螨都有效。

【使用方法】 防治截形叶螨、山楂叶螨,在其若螨、幼螨、成螨发生期用10%浏阳霉素乳油1 000倍液喷雾。防治枣叶壁虱可用10%浏阳霉素乳油1 000倍液在其孵化初期喷雾。

【注意事项】 用该药剂防治,喷药必须周到、均匀、细致,使药液喷到螨体上效果才好。不能与碱性农药混用,药液要现用现配。药效迟缓,残效期长,应提前用药。药剂应避光、干燥,在室温下保存。对人的眼睛、皮肤微有刺激,溅上药液后用清水冲洗。

（二）华光霉素（日光霉素、尼柯霉素）

【作用特性】 华光霉素是农用抗生素类杀螨兼有杀真菌作用的农药。属高效、低毒、低残留农药,具触杀作用,无内吸性,药效较慢。对人、畜安全,对植物无药害,对天敌安全。剂型有2.5%可湿性粉剂。

【防治对象】 用于防治山楂叶螨、截形叶螨。

【使用方法】 防治山楂叶螨、截形叶螨可用2.5%华光霉素可湿性粉剂400～600倍液喷雾。

【注意事项】 不能与碱性农药混合使用。该药杀螨作用较慢,在叶螨发生初期用药效果较好,如果螨的密度过高时效果不理想。药液现配现用。该药以触杀为主,所以喷药时要均匀、细致、周到,直接将药液喷到螨体上。

（三）螨死净（阿波罗、四螨嗪、螨天净）

【作用特性】 螨死净是有机氮杂环类专用杀螨农药。渗透力强，对害螨的卵、若螨和幼螨均有较高的杀灭能力，不杀成螨，但可显著降低雌成螨的产卵量，产下的卵大部分不能孵化，孵化的幼螨成活率低。药效缓慢，用药后 7 天显效，2～3 周达到最大杀灭活性，持效期达 50 多天。对温度不敏感，四季都能使用。对人、畜低毒，对蜜蜂、鸟类、鱼类和昆虫天敌安全，对作物不易产生药害，是较好的杀螨剂。剂型有 20％四螨嗪可湿性粉剂、10％四螨嗪可湿性粉剂、50％阿波罗悬浮剂。

【防治对象】 用于防治山楂叶螨、截形叶螨等叶螨类。

【使用方法】 防治山楂叶螨、截形叶螨在其卵孵化期、若螨期、幼螨期用 20％四螨嗪可湿性粉剂 2 000～3 000 倍液，或 50％阿波罗悬浮剂 5 000～6 000 倍液。如成螨数量大，可在螨死净中加入杀成螨的药剂如克螨特或双甲脒效果更好。

【注意事项】 不能与碱性农药混合使用，要在防治适时期前 3～5 天用药。悬浮剂有沉淀现象，用前要摇匀，喷雾时要细致均匀。药剂应存放在阴凉、干燥条件下，防止冻结和阳光直射。采枣前 21 天停止用药。

五、生产无公害鲜枣允许使用的杀菌剂

（一）石硫合剂

【作用特性】 石硫合剂是用硫黄和生石灰加水熬制成的杀菌、杀虫、杀螨农药。有效成分为多硫化钙，能渗透和侵蚀病菌细胞壁和害虫体壁直接杀死病菌、害虫、螨类，具有灭菌、杀虫和保护植物的功能。对人、畜毒性中等，对植物安全，无残留，不污染环境，病虫不易产生抗药性。为使用方便，石硫合剂开始工业化生产，产品为晶体石硫合剂。剂型有 45% 晶体石硫合剂、自制石硫合剂原液。

【防治对象】 用于防治山楂叶螨等螨类、枣龟蜡蚧、枣锈病、轮纹病、炭疽病等。

【使用方法】 春天枣树发芽前在刮完树皮的基础上全树喷 5 波美度的石硫合剂，可杀死各种害虫卵、越冬山楂叶螨、枣龟蜡蚧，灭除越冬的枣锈病、轮纹病、炭疽病等各种病原菌，为全年的病虫害防治奠定良好基础。生长期防治叶螨和枣锈病等病虫害可用 0.05～0.1 波美度石硫合剂液喷雾。

【注意事项】 石硫合剂为强碱性农药，不能用金属器皿配制，不能与大部分农药混用，与波尔多液的使用间隔期为 20 天。气温高于 32℃或低于 4℃均不能使用石硫合剂。梨、葡萄、杏等果树对石硫合剂较敏感，生长期不宜使用，必须使用时应降低使用浓度。该药有较强的腐蚀性，喷药人员应保护眼睛、皮肤。不慎溅到眼睛中和皮肤上，马上用清水冲洗。药械用完后要彻底清洗干净。

附：石硫合剂配制

配比：2 千克硫黄粉加 1～1.4 千克生石灰块，加水 10～15 升。

熬制方法：先将硫黄粉用温水搅成乳状液，倒入锅内加水烧开（用大锅熬制可适当少加水），然后逐一向锅内硫黄沸液中加入生石灰块（不要 1 次加完，否则药液可沸出锅外），边加生石灰边用木棒搅拌，加完生石灰后计时，一般再大火保持石灰硫黄液沸腾状并不断搅拌 40 分钟左右，当液体变为酱油状的深黑褐色停火即成，凉后用波美比重计测量石硫合剂液的度数。一般能熬到 28～30 波美度。

稀释石硫合剂加水公式：

（石硫合剂原液度数/稀释度数）－1＝加水（升）

（二）波尔多液

【作用特性】 波尔多液是古老的保护性杀菌剂。已有200多年的历史。是由硫酸铜液和石灰乳配制而成。有效成分为碱式硫酸铜。该药具有杀菌谱广,持效期长,病菌不会产生抗性,对人、畜低毒等优点。

【防治对象】 用于防治各种真菌病害及部分细菌病害。

【使用方法】 对铜敏感的树种（如苹果、梨、枣等果树）,应用倍量式或过量式波尔多液,对石灰敏感的树种（如葡萄）用半量式波尔多液。波尔多液等量式是硫酸铜与生石灰比为1:1;波尔多液倍量式是硫酸铜与生石灰比为1:2;波尔多液多量式是硫酸铜与生石灰比为1:3～4;波尔多液半量式是硫酸铜与生石灰比为2:1。上述4种药根据气温、果树的品种和时期不同加水倍数各异,一般生长前期加水200～240倍,生长后期加水160～200倍。防治枣树病害一般用倍量式。

【注意事项】 波尔多液为碱性药剂,有腐蚀性,不能用金属器皿配制,使用后的药械要及时冲洗干净,不宜与大多数农药混用。与石硫合剂使用的安全间隔期20天。阴雨天、雾天、早晨露水未干时不能喷药,以免发生药害。喷药后4小时内遇大雨须补喷。由于该药对果面有污染,应在雨季的中前期使用,后期用其他不污染果面的杀菌剂代替。桃、杏、李等核果类果树对此药敏感,一般不能使用。苹果有的品种如金冠易产生果锈,不宜使用。对家蚕毒性较大,桑园附近不宜使用。

附:**波尔多液配制**

选择色白、质量好无杂质的块状生石灰,按加水量的20%溶化生石灰,充分搅拌后,用稀布过滤（如同做豆腐用过滤豆浆的布包）待用;选择纯净无杂质天蓝色的硫酸铜粉,用其余80%的水完全溶化成蓝色溶液(可先用少量温水将硫酸铜溶化),然后将石灰乳与硫酸铜液同时倒入另一容器(非金属),边倒边搅拌直至完全融合为止,形成天蓝色的乳液;也可用 20%的水溶化生石灰、80%的水溶化硫酸铜,然后将硫酸铜水溶液慢慢倒入石灰乳中,边倒边搅拌,其他要求同上。切记不能将石灰乳液倒入硫酸铜液中,以免降低药效。

(三)福　星

【作用特性】　福星是内吸性杀菌剂。被叶片迅速吸收后,可抑制病菌、菌丝生长和孢子形成,有内吸治疗和保护作用。对人、畜低毒,对害虫天敌和其他生物基本无害,耐雨水冲刷。剂型有 40%福星乳油。

【防治对象】　用于防治真菌类多数病害。

【使用方法】　防治枣锈病、轮纹病、炭疽病、斑点病等用40%福星乳油 8 000～10 000 倍液喷雾,每 10 天防治 1 次。

【注意事项】　应与其他杀菌剂交替使用,以减缓病菌产生耐药性。不能与波尔多液和石硫合剂等碱性农药混用。

(四)易　保

【作用特性】　易保是由恶唑烷二酮与代森锰锌复配的保护性杀菌剂。具有多作用点杀死病原菌,防病效果较好。药效发挥快,喷后 20 秒钟内即能杀死病菌,能与叶片表层蜡质结合形成一层保护药膜,耐雨水冲刷是本药剂的特点。对人、畜低毒,对蜜蜂、害虫天敌、鸟类、鱼类等低毒。对植物安全,并有刺激生长的作用。该药剂杀菌谱广,病菌不易产生抗性,是一种较好的保护性杀菌剂。剂型有 68.75%易保水分散颗粒剂。

【防治对象】　用于防治枣锈病、轮纹病、炭疽病等。

【使用方法】　防治枣锈病、轮纹病、炭疽病可用 68.75%

易保水分散颗粒剂 1 500 倍液喷雾。

【注意事项】 不能与波尔多液等碱性农药混合使用。该药剂是保护性杀菌剂,在发病前或发病始期用药效果好。不宜连续使用,防止病菌产生抗药性。采枣果前 14 天停止用药。

(五)银　果

【作用特性】 银果为我国自行研发、拥有自主知识产权的拟银杏提取液的植物源农用杀菌剂。以触杀、熏蒸作用为主,兼有渗透作用,杀死侵入植物内部的病菌,控制病害,保护健康部位不受侵害。对人、畜和作物安全。剂型有 95％银果原药、10％银果乳油、20％银果可湿性粉剂。

【防治对象】 用于防治大部分由真菌引起的病害。

【使用方法】 防治枣轮纹病、锈病在发病初期可用 10％银果乳油 600～1 000 倍液喷雾。防治果树腐烂、轮纹病斑等枝干病害,在春季发芽前用 95％银果原药 100～200 倍液涂抹刮治后的病斑;生长季节,在病斑处用利刀竖向划痕深达木质部,用 10％银果乳油 50～100 倍液涂抹。

【注意事项】 花生、大豆等作物对银果敏感,枣园间作花生、大豆时用药应慎重。银果为新开发药剂,使用资料不多,应在试验的基础上再大面积使用。

(六)代森锰锌(喷克、大生 M-45、新万生)

【作用特性】 代森锰锌是代森锰和锌离子的络合物,以抑制病菌体内丙酮酸的氧化而起到杀菌作用,属有机硫类保护性杀菌剂。高效、低毒广谱杀菌,并对果树有补充微量元素锰、锌的作用。剂型有 70％、80％代森锰锌可湿性粉剂,80％

喷克、大生 M-45、新万生可湿性粉剂。

【防治对象】　用于防治轮纹病、炭疽病、锈病等真菌病害及部分细菌病害。

【使用方法】　防治轮纹病、炭疽病、锈病等真菌病害及部分细菌病害，用 70%或 80%代森锰锌可湿性粉剂 600～800 倍液喷雾，15 天喷 1 次，可与其他杀菌剂交替使用。

【注意事项】　不能与碱性和含铜制剂的农药混用。对鱼类有毒，不可污染水源。如人误食应喝水催吐，送医院救治，溅到眼内用清水冲洗。本药剂应在干燥阴冷处存放。采枣果前 14 天停止用药。

（七）甲基托布津（甲基硫菌灵）

【作用特性】　甲基托布津是有机杂环类内吸性杀菌剂。可向顶部输导。甲基托布津被植物吸收后即转化为多菌灵，主要干扰病菌菌丝形成，影响病菌细胞分裂，使细胞壁中毒，孢子萌发长出的芽管畸形，致使病菌死亡，有保护和治疗作用。对人、畜、鸟类低毒，对作物和蜜蜂、天敌安全。剂型有 70%甲基托布津可湿性粉剂。

【防治对象】　用于防治轮纹病、炭疽病、锈病等真菌病害。

【使用方法】　防治轮纹病、锈病、炭疽病等真菌病害，可在发病初期用 70%甲基托布津可湿性粉剂 800～1 000 倍液喷雾。

【注意事项】　不能与碱性农药和含铜的农药混用。不能与多菌灵、苯菌灵交替使用。在全国各省、自治区、直辖市应用多年，由于连续使用已普遍产生抗性，所以应交替使用以减少抗性产生。可与抗生素类、无机金属制剂（如石硫合剂、波尔多液、代森锰锌等)交替使用,应停用一段时间再用甲基托布津。采枣果前 15 天停止用药。

(八)粉锈宁(三唑酮、百理通)

【作用特性】 粉锈宁是具内吸作用的三唑类杀菌剂。被植物吸收后能迅速在体内输导,并有一定的熏蒸和铲除作用。粉锈宁能阻止菌丝生长和孢子形成而杀灭病菌。对人、畜低毒,对蜜蜂、天敌安全,对鱼类低毒。剂型有 15%、25%粉锈宁可湿性粉剂,20%粉锈宁乳油。

【防治对象】 用于防治枣锈病、白粉病、黑星病等。

【使用方法】 防治枣锈病用 15%粉锈宁可湿性粉剂 1 000~1 500 倍液喷雾。

【注意事项】 不能与碱性农药混用,应与其他杀菌剂交替使用,采枣果前 20 天停止用药。喷药时应注意安全保护,人员中毒后送医院治疗。

(九)多菌灵(苯并咪唑 14)

【作用特性】 多菌灵是苯并咪唑类杀菌剂。高效低毒,具有保护和内吸治疗双重作用,对许多由子囊菌、半知菌所引起的病害都有良好的防治效果,主要作用是干扰致病菌有丝分裂中纺锤体的形成,影响病原真菌的细胞分裂,抑制病菌生成。剂型有 25%、50%多菌灵可湿性粉剂,40%多菌灵悬浮剂。

【防治对象】 用于防治枣锈病、炭疽病、轮纹病、褐斑病等多种病害。

【使用方法】 一般用 50%多菌灵可湿性粉剂 600~800倍液喷雾,在病菌侵染前、发病初期、后期均可使用。

【注意事项】 多菌灵在全国各省(自治区、直辖市)应用多年,由于连续使用已普遍产生抗性,所以应交替使用以减少抗性产生。可与抗生素类、无机金属制剂(如石硫合剂、波尔多液、代森锰锌等)交替使用,应停用一段时间再用多菌灵,但不能与甲基托布津、苯来特等杀菌剂交替使用。该药剂不能与含铜制剂及碱性药剂混合使用,采枣果前15天停止使用。

(十)必 备

【作用特性】 必备是铜制剂。作用是释放出的铜离子与病菌体内的多种生物活性集团结合,形成铜的结合物使蛋白质变性,阻碍和抑制代谢,致使病菌死亡。必备能杀灭真菌和细菌,具有良好的黏着性,耐雨水冲刷,持效期长,可防治果树多种病害。该药含钙、铜等营养元素,有利于果树生长。必备在欧洲有 AA 级无公害农药认证,是生产 AA 级绿色食品允许使用的农药。对人、畜和环境安全。制剂有 80% 必备可湿性粉剂。

【防治对象】 用于防治枣锈病、褐斑病、炭疽病、轮纹病等多种真菌和细菌病害,并能减少枣裂果。

【使用方法】 防治枣锈病、炭疽病等病害用 80% 必备可湿性粉剂 400~600 倍液喷雾。枣树萌芽前可用 80% 必备可湿性粉剂 200 倍液仔细喷洒树干、枝条,可铲除越冬病菌。

【注意事项】 对铜敏感的作物慎用。喷药要均匀细致,枝条、叶正反面均要喷到。不宜与碱性和强酸性农药混用。应遵守一般农药使用规则和安全防护措施。

(十一)碱式硫酸铜

【作用特性】 碱式硫酸铜是保护性杀菌剂。有效成分是通过植物表面水的酸化,逐步释放铜离子,抑制真菌孢子萌发和菌丝发育。剂型有 80％碱式硫酸铜可湿性粉剂、30％碱式硫酸铜悬浮剂、35％碱式硫酸铜悬浮剂。

【防治对象】 用于防治枣锈病等真菌病害。

【使用方法】 防治枣锈病用 80％碱式硫酸铜可湿性粉剂 600～800 倍液喷雾。

【注意事项】 不能与石硫合剂及遇铜易分解的农药混用。阴雨天气和有露水时不能喷药,以防药害。该药以悬浮剂型贮存有沉淀现象,使用时需摇匀。采枣果前 10 天停止用药。

(十二)可杀得

【作用特性】 可杀得有效成分为氢氧化铜,这是一种新型杀菌剂。药液稳定,扩散性好,黏附性强,耐雨水冲刷,对人、畜较安全。本药剂适用于多种真菌及细菌性病害,杀菌谱广,并对植物生长有刺激作用。剂型有 77％可杀得可湿性粉剂。

【防治对象】 用于防治多数真菌和细菌病害。

【使用方法】 防治枣锈病、炭疽病等病害可用 77％可杀得可湿性粉剂 500～800 倍液喷雾。

【注意事项】 不能与强碱、强酸性农药混用。应在病害发病始期使用效果好。与内吸性杀菌剂交替使用,可减缓病菌抗性。采枣果前 10 天停止用药。

(十三)铜高尚

【作用特性】 铜高尚是一种超微粒铜制剂,为广谱杀菌剂。杀菌力强,耐雨水冲刷,对人、畜低毒,对作物安全,连续使用不易产生抗性。剂型有 27.12％铜高尚悬浮剂。

【防治对象】 用于防治枣锈病、轮纹病、炭疽病等多种病害。

【使用方法】 防治枣锈病、炭疽病等可用 27.12％铜高尚悬浮剂 500～800 倍液喷雾。

【注意事项】 不能与碱性农药混用。以保护为主，在发病前应用效果好。采枣果前 10 天停止用药。

(十四)多氧霉素(宝丽安、多效霉素、保利霉素、科生霉素)

【作用特性】 多氧霉素属农用抗生素杀菌农药。它是金色链霉菌的代谢产物，主要组分为多氧霉素 A 和多氧霉素 B，能干扰病菌细胞壁的合成，抑制病菌产生孢子和病斑扩大，菌丝体不能正常生长而死亡。有良好的内吸性，杀菌谱广，有保护和治疗作用。低毒、低残留，对环境无污染，对天敌和植物安全。剂型有 1.5％、3％和 10％多氧霉素可湿性粉剂。

【防治对象】 用于防治枣锈病等多数真菌病害。

【使用方法】 防治枣锈病、枣轮纹病、炭疽病，在发病初期用 10％多氧霉素可湿性粉剂 1 000～1 500 倍液喷雾。

【注意事项】 不能与酸、碱性农药混用。全年用药不能多于 3 次，以减缓病菌产生抗药性。采枣果前 14 天停止用药。

(十五)农抗 120(抗霉菌素)

【作用特性】 农抗 120 属农用抗生素类杀菌农药。为吸水刺孢链霉菌北京变种的代谢产物，属嘧啶核苷酸类抗生素，可直接阻碍病原菌蛋白质合成，致使病原菌死亡。对人、畜低毒，对天敌和作物安全，无残留，不污染环境，并有刺激植物生长的作用。剂型有 1％、2％和 4％农抗 120 水剂。

【防治对象】 用于防治枣锈病等。

【使用方法】 防治枣锈病,在发病初期用2%农抗120水剂200倍液喷雾。

【注意事项】 不能与碱性农药混合使用。采枣果前14天停止用药。

(十六)井冈霉素(有效霉素)

【作用特性】 井冈霉素是由吸水链霉菌井冈变种产生的水溶性抗生素,由A、B、C、D、E、F等6个组分组成,主要组分为A和B,可干扰和抑制菌体细胞的正常生长而起到治疗作用。耐雨水冲刷,残效期15～20天。对人、畜低毒,对鱼类、蜜蜂安全,不污染环境。剂型有0.33%井冈霉素粉剂,3%、10%井冈霉素水剂,2%、3%、4%、5%、10%井冈霉素可溶性粉剂。

【防治对象】 用于防治轮纹病。

【使用方法】 防治枣轮纹病用5%井冈霉素可溶性粉剂1 000～1 200倍液喷雾。

【注意事项】 不能长期使用,应与其他杀菌剂混用,以减少病菌产生抗药性。采枣果前14天停止用药。本药应密封贮存,注意防霉、防腐、防冻、防晒、防潮、防热。

(十七)春雷霉素(春日霉素、克死霉、加收米)

【作用特性】 春雷霉素是小金色放线菌所产生的代谢物,是农、医两用抗生素。春雷霉素有内吸作用,有预防病害发生和治疗作用。高效、低毒、持效期长。无突变、致畸、致癌作用,对人、畜安全,对鱼、水生物、蜜蜂、鸟类和家蚕低毒。剂型有2%、4%、6%春雷霉素可湿性粉剂,2%加收米液剂,0.4%春雷霉素粉剂。

【防治对象】 用于防治多数真菌和部分细菌病害。

【使用方法】 防治枣锈病用2%春雷霉素可湿性粉剂400倍液喷雾。

【注意事项】 不宜连续单一使用,以防病菌产生抗药性。药液应现配现用,可加入适量的洗衣粉,增加展着力,提高防治效果。喷药后5小时内下雨应补喷。如人误食中毒可饮大量盐水催吐,送医院救治,药液溅到眼睛中、皮肤上需用清水冲洗。采枣果前14天停止用药。本药应密封贮存在阴凉干燥处。

(十八)农用链霉素

【作用特性】 农用链霉素是放线菌产生的代谢产物。具有内吸作用,能渗透到植物体内,输导到其他部位,对细菌性病害防治效果较好。对人、畜低毒,对鱼类及水生动物毒性小。剂型有10%可湿性粉剂。

【防治对象】 用于防治细菌病害。

【使用方法】 防治细菌危害的枣缩果病,可用10%农用链霉素可湿性粉剂500～1 000倍液,加上杀真菌的农药喷雾。

【注意事项】 不能与碱性农药混合使用。药剂应贮存于阴凉干燥处。

(十九)中生菌素(农抗751)

【作用特性】 中生菌素是淡紫灰链霉菌海南变种产生的碱性、水溶性N-糖苷类农用抗生素杀菌农药。可抑制病菌体蛋白质合成,能使丝状真菌畸形,抑制孢子萌发和杀死孢子。该药对多种细菌和真菌病害有较好的疗效,具有广谱、高效、低毒、不污染环境等特点。剂型有 1‰ 中生菌素水剂。

【防治对象】 用于防治细菌及真菌病害。

【使用方法】 防治枣轮纹病、炭疽病、枣锈病用 1‰ 中生菌素水剂 200～300 倍液，如混入其他杀菌剂使用效果更佳。

【注意事项】 不能与碱性农药混合使用。可与波尔多液等其他类型杀菌剂交替使用，以减少病菌产生抗药性。药剂要现配现用，不能久存。药剂贮存应放在阴凉干燥处。采枣果前 14 天停止用药。

六、枣树常见病虫害防治

（一）枣锈病

枣锈病在我国枣区均有发生，多雨的南方发病多于北方。其病原菌为担子菌纲、锈菌目、锈菌科、锈菌属、枣层锈菌。主要危害枣树的叶片，发病初期在叶背面的叶脉两侧、叶尖、叶基部出现淡绿色小点，之后凸起呈暗黄褐色小疱即为病原菌的夏孢子堆，成熟后表皮破裂散出黄粉即夏孢子。叶片正面对应处有褪绿色小斑点，呈花叶状，逐渐变成黄色失去光泽，形成病斑，最后干枯脱落，落叶一般从树冠下部内膛向上向外蔓延。受害严重的树仅有枣果挂在树上，很难成熟。果柄受害容易落果。

【发生规律】 病菌在病芽和落叶中越冬，借风雨传播，北方 6 月中下旬以后温度、湿度条件适于病菌繁殖并造成多次侵染。河北省沧州地区一般 6 月底至 7 月初如有降水即可侵染，7 月中下旬开始发病，8 月下旬、9 月上旬发病严重的树开始大量落叶。枣锈病发生与高温、高湿有关。南方发生重于北方。雨水多的年份重,干旱年份发病轻,甚至不发病。树冠、枣园郁闭发病严重。

【防治方法】

(1)农艺措施 及时清扫夏、秋季节的落叶和落果并烧毁。对郁闭枣园和树冠应通过修剪改善通风透光条件。合理施肥,控制氮肥用量。坐果适量,增强树势,提高枣树本身的抗病能力。雨季要及时排除枣园积水,创造不利于病菌繁衍的条件。

(2)药剂防治 春天枣芽萌动前喷 5 波美度石硫合剂,减少越冬病原菌基数。雨季来临早的年份或地区,于 5 月底至 6 月初,树上喷保护性杀菌剂如倍量式波尔多液 300 倍液或 0.05～0.1 波美度石硫合剂(温度高,度数应低)。如结合治虫可用 25%三唑酮可湿性粉剂 1 000～1 500 倍液或 80%大生 M-45 可湿性粉剂 600～800 倍液喷雾。如多年没用多菌灵或甲基托布津的枣园,还可用 50%多菌灵可湿性粉剂 600～800 倍液或用 70%甲基托布津可湿性粉剂 800～1 200 倍液喷雾。进入 7 月份以后正是北方雨季,可连续用 2～3 次 200～240 倍倍量式波尔多液(前期用 240 倍液,后期可适当提高浓度用 200 倍液),雨季后期可用 80%大生 M-45 可湿性粉剂 600～800 倍液,或 40%福星乳油 8 000 倍液,或 77%可杀得可湿性粉剂 500～800 倍液防治,以防污染果面影响销售。

(二)枣炭疽病

炭疽病菌除了危害枣以外,还危害苹果、梨、葡萄等多种果树。果实染病先出现水渍状浅黄色、红褐色斑点,病斑渐大,周围出现淡黄色晕环,最后变为黑褐色病斑,发展缓慢,病斑处稍凹陷,里面果肉由绿变褐色、黑褐色或黑色,呈圆形、椭圆形或菱形多样病斑。

【发生规律】 枣炭疽病菌在枣头、枣股、枣吊及僵病果中越冬,可随风雨或昆虫带菌传播。刺槐可染病或带菌,以刺槐为防护林的枣园有加重感染炭疽病的趋势。据资料介绍,该病菌孢子在 5 月中旬前后有降水时即开始传播,8 月上中旬可见到果实发病,如后期高温多雨,会加速侵染。

【防治方法】

(1)农艺措施　初冬对树上尚未脱落的枣吊及树下落叶、枣吊、病果等彻底清除出枣园烧毁。如枣园防护林是刺槐的,要做好刺槐炭疽病的防治工作。有条件的可将防护林改种其他树种。其他措施见枣锈病相关部分。

(2)药剂防治　在枣树芽萌动前全树喷 5 波美度的石硫合剂,包括防护林带上的刺槐。6 月下旬可用 70%甲基托布津可湿性粉剂 1 000～1 200 倍液、40%福星乳油 8 000 倍液全树喷雾,灭除初染病菌。7 月上旬至 8 月中旬可喷 2～3 次倍量式波尔多液 180～220 倍液(前期用 220 倍液),全树喷雾保护幼果,后期可用 10%多氧霉素可湿性粉剂 1 000 倍液、77%可杀得可湿性粉剂 400～600 倍液喷雾。一般 9 月中旬后可停止用药。

(三)枣黑斑病

据观察和报道,近几年河北、山东省各枣产区均有黑斑病发生,并有加重趋势。鲜枣黑斑病主要侵染果实和叶片。果实染病后表皮出现大小不等、形状各异的黑褐色病斑,稍有凹陷但不侵染果肉。叶片染病出现黑褐斑,严重干枯。据李晓军研究,鲜枣黑斑病是由黄单胞杆菌属细菌和假单胞杆菌细菌侵染引起的细菌性病害。病害加重与近几年枣农片面追求产量,不适当地使用赤霉素、氮肥和坐果过多,以及有机肥施用不足造成树势弱、抗病能力下降有关。

【发生规律】 黑斑病病菌在6月中旬即可侵染,7~8月份是该病高发期。气候高温、多湿是病原菌蔓延的条件。9月上旬以后随着雨量减少和气温下降,其蔓延势头得到抑制。病原菌可在病果和叶片上越冬。

【防治方法】

(1)**农艺措施** 入冬后或早春彻底清除枣园中的枯枝落叶、病果、落果及杂草,减少病原菌越冬基数。

(2)**药剂防治** 在鲜枣树萌芽前喷5波美度的石硫合剂,进行全树、全枣园灭菌。

6月底至7月初为黑斑病初染期,用10%农用链霉素可湿性粉剂1000倍液加40%福星乳油8000倍液,可兼治其他病害。

7月上旬至8月中旬用倍量式波尔多液180~220倍液防治2~3次,8月中旬以后再用77%可杀得可湿性粉剂600~800倍液或用10%农用链霉素可湿性粉剂1000倍液加80%大生M-45可湿性粉剂400~600倍液防治。

(四)枣疯病

枣疯病俗称扫帚病、公树病、丛枝病等。南方各枣区均有发生,为毁灭性病害,有的造成全园毁灭。20世纪70年代认为是病毒危害;80年代又从病树中发现类菌质体,认为是病毒与类菌质体混合感染。据近些年的研究,可基本确定为类菌质体病害。

【发生规律】 ①通过带病苗木、接穗的嫁接或叶蝉类刺吸式口器昆虫传播。②枣疯病病原体在病树的韧皮部,通过筛管体内传布。病原体在树内分布不均匀，健康枝条中可基本没有病原体。③山区管理粗放、病虫害防治不力的枣园和树势衰弱、植被丰富的枣园发病严重，沙地和盐碱地区的枣园发病轻，这可能与植被少、传病昆虫少、盐碱对病原体有一定抑制作用有关。④不同品种抗枣疯病的能力不同，不同的间作作物与周围树木均影响枣疯病的发生与蔓延。

【防治方法】 ①引进苗木要把关，接穗要严格检疫，杜绝传染源。②提倡采用脱毒苗木，改接枣树要采集无病原体的苗木接穗进行嫁接。③发现病株包括根系要彻底刨除销毁，消灭传染源。④及时做好叶蝉类刺吸式口器害虫的防治，减少害虫传播机会。⑤在病株上作业的工具要彻底消毒，减少由此而传病。⑥加强枣园肥水管理，增施有机肥，增强树的抗病力。⑦南方近几年采用四环素和土霉素等药剂防治，取得了良好的效果，今后还要继续坚持。河北农业大学刘孟军教授已培育出抗枣疯病的新品种，应大力推广。

（五）鲜枣黄叶病

枣树黄叶可由多种原因造成。如果是坐果后叶片由绿变黄，可能是由于甲口过宽没有及时愈合，树体养分不足造成；也可能是缺氮、缺硫、缺锰和缺镁，均可使叶片变黄。生产上常见的黄叶病主要是因缺铁造成的，特别是盐碱地，土壤中的铁难以被根系吸收而造成缺铁性生理病害。

【发生规律】 枣树缺铁是从枣头的幼嫩叶片开始发黄，特别是雨季，嫩梢生长过快，叶片黄化表现更为明显，雨季过后，症状可减轻。发病初期叶肉由绿变黄，叶脉仍为绿色，形成黄绿相间的"花叶"。严重时叶脉也可变黄，整个叶片变成黄白色，影响光合作用，造成枣果品质下降和严重减产。

【防治方法】 ①合理施肥。因偏施磷肥或土壤中钙过多可影响铁、锰、镁等元素的吸收，提倡以施用有机肥为主、配方施肥，不能偏重某种化肥的施用。②在秋、冬季施基肥。每株树用 0.5 千克左右的硫酸亚铁与有机肥拌匀一起施用，这样有利于根系的吸收。③生长期可用 0.2%～0.3%硫酸亚铁加上 0.2%～0.3%尿素、0.2%柠檬酸配成溶液，10 天喷施 1次，共喷 2～3 次，可明显改善症状。有沼气池的农户，也可将硫酸亚铁放入沼气液中发酵 3～5 天，然后用此混合液在树冠投影处挖沟或打孔浇树（每株树产鲜枣 50 千克，用 0.5 千克硫酸亚铁）效果也很好。在缺少化验条件的地方要确定植株缺少哪种元素，除观察特有表现症状外，可用试验法确定。如要确定黄叶病是缺哪种元素引起的，可先用 300 倍的尿素铁进行叶面施肥，如果症状缓解，叶片变绿，说明此植株黄叶是因缺铁引起的。如症状没缓解，说明不是缺铁，再改用其他能引起黄叶的元素进行试验确定。

（六）裂 果 病

枣裂果病是生理病害。主要表现是果实生长后期出现裂果，特点是久旱突然降水后果实出现大面积裂果。

【发生规律】 枣裂果病在品种间差异很大，鲜枣表现裂果较轻。据调查，造成枣裂果的主要因素如下：一是枣果本身遗传基因造成的。品种间差异就是例证。同一品种不同品系间也有类似情况，如同是金丝小枣，不同品系间就不同，有一种圆形小果型的金丝小枣就特别容易产生裂果，相反新选育的金丝新 4 号裂果就非常轻。这是由于金丝小枣经数千年的栽培，自然变异造成品系间的差异；又由于过去金丝小枣的栽植主要是依赖未经选优的根蘖苗，使金丝小枣的表现千差万别。二是气候原因。果实生长前期干旱，不能适时适量浇水，后期突然降水，致使枣果细胞生长不均衡造成裂果。三是栽培原因。有机肥施用不足，土壤板结，根系生长不良。再有就是枣农长期采用地面撒施的施肥方法，造成根系上浮，抗旱耐涝能力下降等因管理方式不当造成果实裂果。四是缺钙。钙是组成果胶钙和细胞壁的重要元素，枣树缺钙，果实裂果的几率就大。

【防治方法】 ①开展品种选优，淘汰那些易裂果的品系，从根本上解决裂果问题。②根据天气情况做好枣果生长期的浇水，应提倡滴灌和枣园覆草，使土壤含水量保持在合理和稳定状态。雨季要及时排除枣园积水。③增加有机肥的施用，改进施肥方法，改善土壤保水保肥能力，促进根系生长，引根向下，提高枣树的抗旱能力。④枣果生长中后期适当补充钙肥。可用 0.2%氯化钙、硝酸钙或氨基酸钙喷施。笔者实验，在补钙中加入 200～300 倍的羧甲基纤维素（羧甲基纤维素应提前 12 小时用水浸泡，便于溶化），再加入杀菌剂（40%福星乳油 8 000 倍液），预防裂果的效果更好。

（七）枣浆烂病

枣浆烂病严重影响产量和果实品质，南方枣区均有发生。近几年在冬枣、梨枣上危害严重，鲜枣也有发生，成为枣树重要病害之一。该病主要危害果实，其症状表现为果实烂把、烂果及果面出现黑斑（黑疔），危及果肉。果肉变为黑色硬块，有苦味。

【发生规律】 病原体主要是壳梭孢菌、毁灭性茎点真菌、细链格孢菌。以壳梭孢菌为主，引起果实浆烂（俗称黄浆）；毁灭性茎点真菌引起果柄处腐烂（烂把）；细链格孢菌致使果皮出现黑斑(黑疔)。3 种病原菌可混合侵染,也可单独致病,不同品种、地域环境其组成可能有差异。病原菌在枣树枝干外皮层、落叶和病果中过冬,可在枣树生长季节侵染,侵染高峰在6 月上旬至 9 月份,与温度和湿度关系密切,雨后高温可大量发病。病原菌有侵染潜伏现象,侵染果实后当时可不发病,当环境条件适宜时可以发病造成果实浆烂。该病原菌寄生广泛,杨、柳、榆、刺槐、苹果、梨等树种均为其寄主。

在生产中调查发现,枣浆烂病发生除与空气湿度和气温有关外,与枣园的管理水平也密切相关。凡是施肥以有机肥为主、土壤有机质含量高、结构好的枣园,修剪到位、枣树的树体结构和群体结构合理、通风透光的枣园,坐果适量,树势健壮的枣树浆烂病发生明显轻微。在运用同样的防治措施,每年以施氮肥为主、坐果过量、通风透光不良的枣园,枣浆烂病发生可达 20%以上;而管理水平好的枣园枣浆烂病很轻,一般在3%~5%。

【防治方法】

(1)农艺措施　在枣树落叶后或早春,彻底清除并销毁枣园的枯枝落叶、病果落果、杂草及周围防护林的枯枝落叶、杂草,以减少病原菌越冬基数。

加强肥水管理,增加有机肥的使用量,氮、磷、钾肥应合理配合使用,尤其目前一般枣园忽视钾肥的使用,土壤缺钾,应增加钾的使用量。枣树生长前期一般降水偏少,应该适时浇水,后期注意果实补钙,防止枣果破裂,减少病原菌侵入的机会。合理使用九二〇等促进坐果的药剂,做到结果适量,生殖生长与营养生长平衡协调,以增强树势,提高枣树本身的抗病能力。

(2)农药防治　在枣树萌芽前喷 5 波美度的石硫合剂(包

括枣园周围的其他树种），杀灭越冬病原菌。

在 6 月中下旬可用 40％福星乳油 8 000 倍液，自 7 月上旬至 8 月中旬可用倍量式波尔多液 200～240 倍液喷 2～3遍，8 月下旬以后可用 77％可杀得可湿性粉剂 600 倍液或27.12％铜高尚悬浮剂 500～600 倍液防治。如果没有连续使用多菌灵的枣园，可以用 50％多菌灵可湿性粉剂 400～500倍液或 80％大生 M-45 可湿性粉剂 600～800 倍液防治。

（八）枣树枯枝病

近几年枣树枯枝病有上升的趋势，南方枣园均有发生。笔者调查与有机肥施用量不足、过量施用氮肥及坐果过多、树势衰弱有密切关系，也与地势、土质及病虫危害引起感染有关。

【发生规律】 主要侵染树皮损伤的枝条，多发生在枣头基部与二次枝交接的周围，病斑初期呈水渍状，形状不规则。病原菌由外向里逐渐侵入，树皮坏死干裂变成红褐色斑，影响养分的输导，病斑扩展一圈后造成枝条死亡。一年有 2 次发病高峰，第一次在枣树萌芽后，第二次在 8 月中下旬。病原菌以半知菌亚门的壳梭孢菌为主，以菌丝和分生孢子在病斑内越冬。

【防治方法】 ①增施有机肥，提高土壤肥力，合理整形修剪及适量坐果，促进枣树健壮，提高抗病能力。②春天刮病斑，在枣树萌芽前喷 5 波美度的石硫合剂。

（九）绿盲蝽象的防治

绿盲蝽象属半翅目，盲蝽科。四川省、重庆市各地均有分布，是近年来为害红枣生产的重要害虫。除为害枣树外，还为害苹果、梨、木槿等多种林果及棉花、甜菜、茶叶、烟草、蚕豆、苜蓿、各种草类等,寄主极为广泛。以若虫、成虫刺吸植物的幼芽、叶片、花、果、嫩枝的汁液,受害幼芽、叶片先出现枯死小斑点,随着叶片长大,枯死斑点扩大,叶片出现不规则的孔洞,使叶片残缺不全,俗称"叶疯";枣吊受害后呈弯曲状如烫发一样;花蕾受害后干枯脱落;幼果受害果面出现凸突、褐点,重者脱落。

【形态特征】

（1）**成虫**　长卵圆或椭圆形,体长 5 毫米左右,黄绿色。触角 4 节、深绿至褐色,前胸背板密布黑点、深绿色,小盾片上有茧斑 1 对,前翅革片绿色,膜质部灰白色、半透明。

（2）**卵**　长 1 毫米左右,瓠瓜形,黄绿色。

（3）**若虫**　体淡绿色,着黑色节毛。触角及足深绿色或褐色,翅芽端部深绿色,较成虫小（图 9）。

【生活简史】　该虫一年发生 4～5 代,以卵在枣园及其周围的果树、农作物、杂草的叶鞘缝隙内越冬。春天日平均气温达到 10℃以上时卵开始孵化为若虫。前期在已萌芽的其他作物或杂草上为害。枣树发芽后转移为害枣树,5 月上中旬是为害盛期,为害后的嫩吊生长受阻,花芽分化不良,如防治不及时将造成落

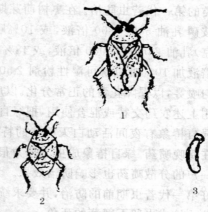

图 9　绿盲椿象
1. 成虫　2. 若虫　3. 卵

蕾、落花、落果而减产。进入 6 月份,高温干旱不利于该虫活

动,虫口密度减少。进入雨季,在高温、多湿的条件下,易造成成虫大发生。第一代成虫后世代重叠。在6月上中旬、7月中旬、8月中下旬有相对集中发生期,可抓住有利时机进行防治。

【防治方法】

(1)农艺措施　早春对树下以及枣园周围的杂草、枯枝落叶、间作物秸秆、枣根蘖小苗及时清除烧毁,减少越冬卵基数,为全年防治奠定基础。在3月中旬刮树皮,然后在树干上缠胶带,胶带上面涂黏虫胶。据笔者6月中旬调查,树干涂黏虫胶带防治绿盲椿象的效果较好。曾有一处枣园缠上黏虫胶带仅1天,就黏绿盲椿象若虫253头、成虫2头。

(2)药物防治　枣树芽萌动前用5波美度的石硫合剂液全树均匀喷雾杀灭越冬卵,并要做好枣园内及周围农作物、草类的第一代若虫防治。在枣树萌芽期和幼芽期用30%乙酰甲胺磷乳油600~800倍液,或10%顺式氯氰菊酯(高效灭百克)乳油2 000~3 000倍液,或48%乐斯本乳油1 000~1 500倍液加10%吡虫啉可湿性粉剂2 500~4 000倍液,往树上均匀喷雾,以保障花蕾的正常分化。以后要抓住各代的若虫期采用上述农药交替或混合使用,把绿盲椿象消灭在卵和若虫期。绿盲椿象有夜间活动白天静伏的特性,为提高防治效果最好在傍晚喷药。绿盲椿象成虫飞翔力很强给防治带来困难,一家一户的分散喷药也影响防治效果。为提高防治效果一定要抓好第一代若虫期前的防治,并要求统一时间大面积用药防治,防止给成虫留下匿藏的死角。

(十)食芽象甲的防治

食芽象甲属鞘翅目,象甲科。又名枣飞象,俗名象鼻虫、土猴、顶门吃等。各地枣区都有分布,除为害枣以外,还为害苹果、梨、桃、杏、杨、泡桐等树木及棉花、豆类、玉米等农作物。枣萌芽时,啃食枣芽,严重时将枣芽啃光,造成二次萌芽并大幅度减产。

【形态特征】

(1)成虫 体长 4～6 毫米,土黄或灰白色。鞘翅弧形,后翅膜质、半透明。善飞翔。腹面灰白色,足 3 对、灰褐色(图10)。

(2)卵 长椭圆形,初产时乳白色,后变棕色。

(3)幼虫 乳白色,体长约 5 毫米。

(4)蛹 灰白色,纺锤形,长约 4 毫米。

【生活史】 该虫一年发生 1 代,以幼虫在土中越冬,翌年 3 月下旬至 4 月上旬化蛹,4 月中下旬即羽化为成虫。在枣树萌芽时集中于嫩芽上啃食为害。5 月上旬成虫交尾产卵,5 月下旬至 6 月中旬幼虫孵化沿树爬入土内取食枣树细根,9 月份以后随气温下降潜入深土层越冬,翌年春天气温转暖时再迁升至表土层化蛹。该虫在 4 月份白天中午气温高时上树为害最重,

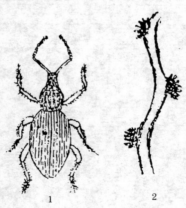

图 10 食芽象甲
1. 成虫 2. 为害枣芽状

5 月份以后随着气温升高以早、晚上树为害最重。该虫有假死习性,可利用此特性除虫。雌成虫产卵于嫩芽、叶片、枣股轮痕处和枣吊裂痕隙内。

【防治方法】

（1）**农艺措施**　清除杂草等参照绿盲椿象有关内容。5月下旬幼虫下树前在树干光滑处缠黏虫胶带阻止幼虫下树入土越冬。

（2）**药物防治**　春季幼虫化蛹前用25%辛硫磷微胶囊水悬浮剂200～300倍液喷洒地面然后浅锄，在枣树萌芽期用50%辛硫磷乳油1 000～1 200倍液再加入10%顺式氯氰菊酯乳油3 000～6 000倍液，其防治效果更好。以后根据其为害情况随时做好防治。

第六章 南方鲜枣的采收、分级 包装、安全运输与贮藏保鲜

一、南方鲜枣的采收

(一)鲜枣果实的成熟阶段

鲜枣坐果以后其果实要经过膨大、变白、点红、片红、全红、糖化、变软、变皱等发育过程。目前生产上多按果皮颜色和果肉的变化情况,把鲜枣成熟的发育过程划分为白熟期、脆熟期和完熟期 3 个阶段。

1. 白熟期 从果实充分膨大至果皮全部变白而未着红色。这一阶段果皮细胞中的叶绿素大量消减,果皮褪绿变白而呈绿白色或乳白色,果实体积不再增加。肉质较疏松,汁液少,含糖量低。果皮薄而有光泽。

2. 脆熟期 白熟期过后,果皮自梗洼、果肩开始逐渐着色,果皮向阳面逐渐出现红晕,然后出现点红、片红直至全红。果肉内的淀粉、有机酸等物质转化成糖,含糖量剧增,质地变脆、汁液增多,果肉仍呈绿白色或乳白色。果皮增厚,稍硬。食后酥脆、香甜、爽口,色、香、味俱佳,内含营养物亦最为丰富。

3. 完熟期 脆熟期之后果实便进入完熟期。枣果皮色进一步加深,养分进一步积累,含糖量增加,水分和维生素含量逐步下降,果肉逐渐变软,果皮出现皱褶。对于包括鲜枣在内的鲜食品种,进入完熟状态,其品质逐渐下降。故鲜食品种枣

果成熟在完熟期之前,就意味着已经充分成熟。

(二)鲜枣的采收最佳期

由于南方鲜枣是典型的早熟鲜食品种,所以脆熟期是鲜枣采收的最佳时期,以果皮完全转红时果味最佳。但在生产中,鲜枣采收后还需要经过运输、销售和贮藏保鲜的过程,若不是即采即食,就要适当早采,因为鲜枣果面完全转红以后,已经进入脆熟期的后期,它会在 2~3 天内进入完熟期。完熟期的鲜枣将失去鲜脆状态,品质下降,故鲜枣宜在初红至半红期采摘为宜。我国南方最早熟的鲜枣是云南省和四川省的攀枝花市,7 月初大部分成熟,此时采收有利于运输、销售、保鲜、贮藏。由于鲜枣具有成熟期不集中的特点,最好分批进行采摘。

(三)鲜枣的采收方法

鲜枣采收不同于其他制干品种,不能采用杆打法,也不能采取乙烯利催落的方法。因为鲜枣的果实杆打采收,会使果实出现大量的粉碎性创伤,尤其枣果表皮特别薄、质地酥脆的品种,即使有的没有破损,也不容易贮藏和长途运输。用乙烯利催落采收,会造成枣果采前大量失水,果肉变软,表皮出现皱褶,不能保持鲜枣原有的脆嫩质地,降低了商品价值。所以,还是采取人工采摘为最好。

鲜枣人工采摘,也要本着"轻摘、轻放、避免挤碰、摔伤和保持果实完整"的原则。所谓果实完整,即要求枣果带有果柄,枣果与果柄间不能有拉伤,因为果柄处的伤口很容易感染病菌而使鲜枣腐烂。具体的采收办法是:一要提前做好高凳,这种高凳既要牢固又要轻便,最好是能折叠的工具,并在其上设计一个能挂放盛枣容器的地方。二要准备好能随身携带的采果容器,容器的内壁一定要光滑、无刺、柔软。一般不用书包、布袋等软器盛果。也可用果篮、果箱、果盘等,但内壁需用柔软物铺垫。三要随身携带疏果剪。

采摘时切忌用手揪拉枣果,应一手拉紧枣吊,另一手握住枣果基部向上托掰。最好用一手托住枣果,另一手用疏果剪从果柄与枣吊连接处剪断,这样既能避免果与果之间的摩擦,也能保持枣果的完整。树冠下部的果实,采枣人站在地上轻摘轻剪,并轻放于容器中,树冠上部的果须站在高凳上采收,不能贪图省工采取摇动、手揪或杆打等法。小容器摘满后倒入大果箱时,也要轻轻倒入,尽量减少碰伤。

鲜枣采摘时应避开清晨露水未干的时间,因为此时摘果易造成果柄处裂果。

二、南方鲜枣的分级包装

(一)鲜枣采后要分级

鲜枣采摘后立即进行分级和包装。鲜枣分级,一般分为四级:单枣重 30 克以上的定为特级枣,20～25 克的为一级枣,10～20 克的为二级枣,10 克以下的为三级枣。但因品种不同也有区别。山东省沾化冬枣大都不分级,采用大小混装,致使价格低、出售难,这是南方鲜枣要引以为戒的。

枣果分级时,要选择一个平坦、阴凉处,地表铺垫物要柔软、平滑。将枣果轻轻倒出,依分级标准细致挑选,分级包装,挑出虫果、伤果、病果、畸形果,视为等外级。分级的目的是使鲜枣销售走向标准化,这样可取得更高的效益。只有分级精包装形成品牌,才能进入超市,有利于进入国际市场。

(二)鲜枣更要精包装

鲜枣适合进行两次包装,一次为贮藏包装,一次为商品包装。鲜枣采收分级后,首先要进行贮藏包装。贮藏包装要求:①包装物为无毒材料制作;②容器大小适当,一般为装枣10~15千克一件;③容器要具有抗压、抗击性能,不能在贮运过程中因吸水变形而损坏枣果;④要求容器内壁光滑、柔韧,不能刺伤枣果,一般以高强度瓦棱耐潮纸箱或无毒塑料周转箱比较适宜;⑤箱体上要有透气孔或换气装置。

商品包装分为外包装箱和礼品盒包装。商品外包装,是礼品盒以外的集中包装,一般要求容量为10~20千克,内装礼品盒10~20个。

礼品盒包装一般为精致美观的小包装,小包装材料一般多用无毒硬塑料盒或纸盒,盒内设有果托,可避免枣与枣碰伤。盒外按商品要求设计图案和照片,并加注商标、净重、保质期及有关事项。

商品枣经贮藏后装入小包装,小包装再装入大包装,这样既有利于运输,又便于销售。

三、南方鲜枣的安全运输

南方鲜枣是我国近年来刚刚发展的一个红枣鲜食品种,由于栽培面积小而分散,加之鲜枣品质特优,皮薄易伤,所以枣果采收后从产地到销地,从枣园到贮藏库,都要小心轻拿轻放、轻运输,在运输中应尽量避免损失,做到安全运输。安全运输的关键是快装轻运,轻装轻卸,防热、防冻、防伤,远离污染源。这样才能保证鲜枣质量。四川省眉山市和重庆市永川市采用人工采收分级精包装,又用软包装进入北京、上海、广州超市,每千克售价达60元。

运输包括公路、水路、铁路、航空等多种方式,但不论采取哪种方式都要确保鲜枣质量。针对安全运输的要点,每一个环节都要认真对待,尤其是远运应周密考虑,必要时要运用特殊的设备和运输方式。如防热、防腐采用保温车、保温列车,空运加冰,路运防雨淋,用集装箱运输能够控制适宜低温和气体成分等设施。要采取更加有利于保持果实质量的措施,确保枣果在运输中不受损失,安全进入超市,绝不能用有害于果实的材料包装枣果,更不能与其他污染货物混装,要努力做到安全运输。枣果也要美容、要分级,注明商标,达到绿色、无公害、无污染标准。南方鲜枣质量要好,关键要抓住一个"早"字。四川省眉山市抓住一个"早"字,在6月份上市,每千克在枣园可卖到30元。

四、南方鲜枣的贮藏保鲜

(一)鲜枣贮藏保鲜的必要性

鲜枣是我国的特产,也是极优鲜食品种之一。鲜枣鲜脆爽口,风味独特,营养又丰富,深受国内外消费者的喜爱。在20世纪90年代末期鲜枣就已进入国际市场,引起世人的极大兴趣和关注。

1. 贮藏保鲜是鲜枣产业发展的关键 鲜枣是一个品质优良的鲜食红枣良种。其果实用于鲜食具有脆、甜、果大而红和老幼皆喜爱的特点,市场潜力巨大。保持枣果的鲜食特性,离不开贮藏保鲜。

2. 贮藏保鲜是保持鲜枣优良品质和营养成分的必要手段　众所周知,红枣的营养成分特别丰富,鲜枣也不例外。枣果内不但含有丰富的能量物质和多种营养元素,还含有丰富的保健物质。然而,鲜枣若在失鲜的状态下,如经加工或制干以后,虽也含有维生素,但大部分维生素和其他营养物质会被氧化破坏。据测定,每100克干枣的果肉中含维生素C 12毫克左右,仅为鲜枣含量的3%。因此,搞好鲜枣贮藏保鲜,不但能延长鲜果供应时期,实现淡季供应,而且还是保持枣果营养的一条有效途径。

3. 贮藏保鲜是促进鲜枣果品走出国门、走向世界、参与国际流通的重要措施　鲜枣原产于我国,发展在我国,如今鲜枣以其特殊的风味和脆嫩的质地受到世界各国人民的喜爱。随着我国改革开放政策不断深入和加入世界贸易组织,鲜枣果品走向世界已是必然趋势。然而没有先进的贮藏保鲜技术作保障,鲜枣走出国门成为世人的消费品是很难实现的。

4. 贮藏保鲜是鲜枣产后增值的一个重要环节　经过市场调查,1999～2000年鲜枣采收时的售价一般为10～20元/千克。而经过贮藏保鲜至元旦前后,鲜枣价格为40～80元/千克。至春节时,北京市场上鲜枣售价高达120～180元/千克。由此可见,鲜枣贮藏保鲜技术应用到产后至销售过程,其增值效果十分明显,经济效益非常可观。

(二)鲜枣贮藏保鲜的原理

鲜枣贮藏保鲜,实际上是在一定的贮藏环境条件下,通过控制各项环境因素(如温度、湿度、气体成分以及防腐措施等),使脱离树体的枣果尽量减少呼吸作用及物质的转化与消耗,能较长时间维持鲜脆状态和营养成分的工作过程。枣果采收后,果实与树体脱离,生长时来自树体的水分和养分供应被切断,但它本身正常的生理活动仍在继续,要通过消耗自身的营养物质来维持其生命活动。枣果本身的生物化学反应开始由合成积累为主,向着以水和物质消耗为主的方向转变。贮藏保鲜就是通过各种手段和措施,使枣果尽可能地维持最微弱的生理活动,以此减少体内营养物质的分解和消耗,使枣果在更长的时间内最大限度地保持原有的营养物质、风味和品质。

(三)影响鲜枣贮藏保鲜的因素

为实现鲜枣贮藏保鲜的理想效果,要采取一些必要的手段和措施,限制那些不利于贮藏保鲜的因素,创造出适于贮藏保鲜的环境。经科研人员多年的研究证明,鲜枣贮藏保鲜的效果受鲜枣本身和外部环境两个方面因素的影响。

1. 鲜枣本身的因素

(1)枣果成熟度　枣果在成熟和完熟过程中,颜色、脆度、风味及营养成分都会出现一系列的变化,以此显示不同的成熟度。一般成熟度越低越耐贮藏,保鲜期随着成熟度的提高而缩短。据研究,将全红、半红和初红期采收的枣果在 0℃ 条件下贮藏,以初红枣最耐贮,半红枣次之,全红枣耐贮性最差。当然成熟度不足时,果内的有机酸尚未转化,贮后品质也不佳;同时因果皮保护组织发育不健全,易失水失重而造成不耐贮藏。所以,适合贮藏保鲜的鲜枣果实多在初红或半红期采收。

(2)植物激素的作用　乙烯利、脱落酸的生成和存在会加速果实的成熟进程,尤其是乙烯利能提高吲哚乙酸氧化酶、脱落酸及其衰老因子的活性。所以乙烯利是果实加速成熟的物质,对果实长期贮藏保鲜会产生不利的影响。而 2,4-D 或赤霉素及萘乙酸对乙烯利及脱落酸有拮抗作用,合理使用植物生长调节剂,不但可以减轻落果,同时对延长着色和采收期以及采后贮藏保鲜都能起到较大的作用。

(3)鲜枣的水分　水分是果实发育不可缺少的物质,也是细胞原生质的重要组成部分。枣的幼果含水量一般为 80%～90%,白熟期占 60% 左右,全红期在 45% 左右。鲜食品种果肉中的含水量不可太低,一旦失水便失去了鲜脆状态,品质明显下降。用于贮藏保鲜的鲜枣不能失水,失水后的鲜枣既不利于贮藏,也不利于销售。所以,鲜枣不论是用于贮藏还是立即投放市场,都必须运用各种有效措施,把枣果水分外散减少到最低限度。

(4)鲜枣呼吸作用　其方式、强度及呼吸类型直接影响鲜枣的贮藏效果。鲜枣采收以后,它仍然是一个完整的生命体,贮藏中生命活动的主要表现是呼吸作用。呼吸作用的实质是在一系列专门酶的参与下,经过许多中间反应所进行的一个缓慢的生物氧化——还原反应。是把细胞组织中复杂的有机物逐步氧化分解成为简单物质,最后变成二氧化碳和水,同时释放出能量的过程。这种呼吸作用分为有氧呼吸和无氧呼吸两种方式。氧气充足时有氧呼吸进行强烈。在缺氧时则无氧呼吸开始进行。呼吸强度愈大,则体内养分的分解消耗愈快;反之则慢。由此可见,控制贮藏枣果的呼吸强度是减少消耗、延长贮藏时间的关键措施。有氧呼吸和少量的缺氧呼吸是枣果贮藏期间本身所具有的生理功能,少量的缺氧呼吸也是果蔬适应环境的一种表现,使枣果在暂时缺氧的情况下,仍维持生命活动,但长期严重的缺氧呼吸会破坏枣果正常的新陈代谢,导致被贮枣果迅速变质腐烂。

经研究证明,鲜枣呼吸类型为非跃变型。在贮藏中呼吸作用一直在进行,并随代谢产物的增加呼吸强度逐渐增大。因此,在贮藏保鲜时就要设法努力控制枣果的呼吸强度。可通过低温、氧气调节等措施让鲜枣在适宜条件下维持最微弱的呼吸作用,同时还要避免出现强烈的无氧呼吸,以延长贮期。

(5)**果实无伤害** 鲜枣果实有无虫伤、磕碰伤、挤压伤、摔伤以及枣果果柄是否完整等都可以直接影响其贮藏期的长短。不完整的枣果因为有伤口而使本身的生理功能发生变化,呼吸强度增加,物质消耗加速。同时伤口处极易被微生物侵染造成霉烂,影响贮存时间及枣果质量。

2. 外界环境的因素

(1)**贮藏温度** 一般随贮藏温度的提高,枣果的老化进程加快,因为温度越高呼吸强度越大。因此,在一定的范围内温度越低贮藏效果越好。但低于冰点温度时会产生冻伤。

(2)**湿度的高低** 枣是一种很易失水的果品,将其置于适宜的湿度条件下,控制果肉水分散发是贮藏保鲜的一项极重要工作。

(3)**气体成分** 适当降低氧气浓度,能抑制鲜枣的呼吸强度。由于鲜枣对二氧化碳气体比较敏感,适当降低二氧化碳浓度,也能明显降低枣果的呼吸强度和成熟过程。人们利用这些原理对鲜枣贮藏保鲜,以气体调节方式延长贮藏枣果的寿命。

(4)**微生物** 在鲜枣果实成熟和贮藏的过程中,一些对贮藏不利的微生物会在特定环境条件下繁衍并侵入果体,也是引起枣果软烂的重要原因。生产中为了预防各种病菌侵染和发病,多采用采前喷药和贮期灭菌的方法加以控制。

(四)南方鲜枣的贮存保鲜技术

为延长鲜枣的贮藏保鲜期,人们需要建造适合鲜枣贮藏的建筑设施。鲜枣贮藏的场所，一般包括简易贮藏窖（库）、通风贮藏库、机械制冷贮藏库、气调贮藏库、减压贮藏库及速冻保鲜贮藏库等。有了贮藏的设施，还要在这些设施中调控出适宜鲜枣保鲜的温度、湿度、气体、压力、通风、避光、抑菌等环境条件，而要满足这些条件，除必要的设施设备以外，还要辅以适合的材料、容器、药剂及各种技术处理措施加以保障。所以说鲜枣贮藏保鲜是一项综合的配套技术。采用任何一项单项技术，都不会取得理想的效果。以下介绍几种贮藏方法。

1. 简易贮藏 是利用自然低温及简单设备或材料来维持枣果品质风味的一种办法。其特点是设备简单，投资少，简便易行，但受自然条件的限制，贮量小，不能成为商品运作的主要贮藏方式，贮藏效果也不够理想，仅仅是农村或城镇家庭延长食用时间的一种办法。

（1）大白菜包裹法 鲜枣采收时，采摘半红期鲜枣，将其放置在地里生长着的大白菜中间，并拢起菜叶，用麻绳捆绑，把枣果包裹在菜叶中，待到立冬节前后，将收获的白菜放置在贮菜窖中，欲食用时打开白菜取出鲜枣，鲜脆如初。采用此方法，大白菜内的枣果可贮藏 30～40 天。

（2）湿沙贮藏法 在阴凉潮湿处铺垫 3 厘米厚的湿沙，放一层挑选好的半红无伤的鲜枣（1 个枣厚），再铺一层沙，再加一层枣，如此堆高 30 厘米左右。为防沙干燥可用湿麻袋封盖，并保持麻袋和沙的湿度。采用此方法，贮藏的枣果鲜脆，损失很少，可贮藏 1 个月以上。

（3）冰箱冷冻法 采下的鲜枣果实用聚乙烯膜袋装好，封口。放置冰箱冷冻室中速冻成冰枣，欲食时，提前 1 天从冷冻室中移至冷藏室中缓慢解冻，解冻后立即食用，仍能保持鲜枣的鲜脆状态。解冻后不宜久放，否则会很快腐烂。

2. 机械制冷贮存　　机械制冷贮藏是当前鲜枣生产和经营中比较多用的贮藏方法。这种贮藏，首先要修建一个机械冷藏库，装有制冷机械，能人工调控库内温度，以满足鲜枣贮藏要求。它不受地区、季节和气候的限制，一年四季均可使用，并可根据贮藏需要，调控不同的适宜温度和湿度，应用范围较大，使用灵活，设备质量好，损耗低，使用年限长。

机械制冷库所用制冷机，主要采用氨压缩机组和氟压缩机组两种，一般 100 吨以上的库须选用氨制冷，100 吨以下的微小冷库多用氟制冷机。氨制冷量大，氨液便宜，但机械结构复杂，机体占地面积大，不能自控，不便管理。氟制冷机结构简单，机体小，使用管理方便，不需专人昼夜监护，更加适合产地农民采用，但氟制冷量小，氟液价较氨液贵些。在发展高效农业的今天，机械制冷贮藏被普遍认识和接受，目前已逐渐成为鲜枣产区农民贮藏保鲜鲜枣的主要设施。